어비의 **모바일 HTML & CSS 1**
for Beginner

어비의 **모바일** HTML & CSS 1
for Beginner

초판 1쇄 인쇄 2011년 07월 25일
초판 1쇄 발행 2011년 07월 30일

지은이 | 송태민
펴낸이 | 손형국
펴낸곳 | (주)에세이퍼블리싱
출판등록 | 2004. 12. 1(제315-2008-022호)
주소 | 서울특별시 강서구 방화3동 316-3번지 한국계량계측조합 102호
홈페이지 | www.book.co.kr
전화번호 | (02)3159-9638~40
팩스 | (02)3159-9637

ISBN 978-89-6023-643-1 13560

UhBee

Mobile Html & Css

for beginner

저자 송태민

ESSAY

어비의

처음 시작하는 분에게
모바일 사이트 구축을 위한 모바일 코딩

모바일 HTML

　〈어비의 모바일 HTML〉은 웹보다는 모바일 웹사이트 구축에 관심이 많은 분들을 위해서 집필되었습니다. 필자 역시 인터넷이나 책을 통해서 구하기 어려웠던 기초적인 것부터 실무 심화적인 내용까지 다뤄보려고 노력했습니다. 보다 빠른 정보 공유를 위해서 2권으로 나눠서 초급 사용자와 고급 사용자를 위한 책을 집필합니다. 필자는 이론보다는 실무를 더 많이 경험하였으며 이 책 역시 이론보다는 실무로 다가갈 수 있도록 '실무 팁!'도 준비하였으며 이론적인 부분을 원하시면 바이블 책을 구매해 보실 것을 추천합니다. 다른 분야도 마찬가지이지만 바이블적인 것과 실무적인 내용이 공존하는 책은 없습니다.

　〈어비의 모바일 HTML〉은 특히 바로 실무에서 사용해야만 하는 사람들에게는 아주 좋은 책이 될 것입니다. HTML과 CSS를 이용하여 제작하는 등 초급 사용자들도 쉽게 이해할 수 있도록 제작되었습니다.

　개발자보다는 보다 많은 업무 경험을 쌓아야 하는 디자이너에게 공감을 얻을 수 있도록 초점을 맞췄습니다. 필자는 디자이너 기반의 UI개발 업무를 하고 있으므로 디자이너뿐만 아니라 기획자나 개발자가 봐도 충분한 도움이 될 것입니다.

　모바일 웹 HTML & CSS는 시리즈로 나올 예정입니다. 첫 번째 책은 모바일 웹의 아주 기초적인 부분을 다루며 두 번째 책은 실무 위주로만 HTML & CSS를 같이 살펴보면서 공부하는 시간을 가져보려고 합니다.

그리고 앞으로 계속 나올 부분은 트렌드에 따라서 집필을 하려고 합니다. 저렴한 가격에 부담스럽지 않은 페이지 수로 여러분과 함께 공부한다는 느낌으로 다가가고 싶습니다. 얇지만 정말 필요한 정보만 쏙쏙 담겨 있는 〈어비의 모바일 HTML〉시리즈가 되겠습니다.

HTML 코딩을 해보신 분은 누구나 쉽게 다가갈 수 있습니다. 모바일 웹이라고 해서 특별한 것은 없습니다. 모바일 시장은 엄청난 속도로 발전하는 데 비해 이 분야는 이렇다 할 서적이나 인터넷 자료가 나와 있지 않아 종사자들이 애를 먹고 있습니다. 이제 이 책이 이들의 나침반 역할을 할 것이라 믿습니다.

저자 역시 여러분들과 같은 마음으로 자료도 모으고 실무에서 배웠던 내용들을 토대로 집필하였습니다. 저자의 웹사이트 http://www.stadard.pe.kr 을 통해 Q&A와 공부를 함께 진행하면 좋겠습니다.

누구에게 배운다는 것보다 누구와 함께 공부한다는 마음으로 앞으로 나아가시면 됩니다. 이 책은 이론적인 설명서보다는 실무서에 가까우며 지금 당장 바로 쓸 수 있는 Tip & Tech로 구성되어 있으므로 바로 활용해보세요. 파이팅!

이 책을 쓰면서 사랑과 격려를 아끼지 않은 모든 분들께 감사드립니다. 언제나 바쁜 아빠이자 남편인 탓에 아내 김재연과 딸 송채빈 그리고 엄마 뱃속에 있는 둘째(가온)에게 미안함과 감사의 마음을 갖고 있습니다.

이 책을 쓰면서 함께 공부하고 일을 했던 동료들에게 감사합니다.
나의 영원한 디자인 스승님 김세원 형님, 천재 웹퍼블리서 문태양 군과 노력파 GUI디자이너 박찬혜, 천재 개발자 이지훈 형님, 열정의 기획자 임동규 과장님, 똘똘한 기획자 홍지원, 얼짱 남윤철 팀장님 그리고 지금 함께 일하면서 집필을 병행할 수 있도록 도와주신 김봉현 본부장님, 김동운 팀장님, 백호성 차장님, 강희정 차장님, 최승태 차장님, 한경덕 차장님, 박상준 과장님, 이창현 과장님, 박인 과장님, 박희원 과장님, 김진수 과장님, 이정환 과장님, 연성현 과장님, 김규칠 과장님, 홍성욱 대리님, 양제민 대리님 등 (주)SK커뮤니케이션즈 무선NATE본부 및 임직원 여러분께 감사를 표합니다.

베타 테스트를 허락해주시고 열심히 원고를 보느라 고생해주신 송지연 차장님, 박인 과장님, 노재문 대리님, 추진우 선임 디자이너님, 김기범 대리님, 박정원 과장님, 백원석 주임님 다시 한 번 감사드리며 고생하셨습니다.

Special Thanks to...

고마운 분들을 나열하면 끝이 없어서 지면에 다 표기하지 못한 분들은 찾아뵙고 감사를 표하겠습니다. 마지막으로 제가 이렇게 다양한 일을 하면서 살 수 있게 해준 부모님께 사랑한다는 말을 전합니다.

저자 소개

저자 ㅣ **송태민** @UhBee

· 현) SK커뮤니케이션즈 무선NATE본부 UI/GUI 파트

· 전) 그래텍 곰TV 디자인 팀 선임 UI/GUI 디자이너/웹 표준 퍼블리셔

· 국민대 디자인대학원 시각디자인전공

· 순천향대학교 국제문화 전공

· AdobeCL(어도비 크리에이티브 리더) 1기

· 어도비 세미나 및 잡지 강좌 집필활동 중

EMAIL ㅣ songtm@me.com

개인 홈페이지 ㅣ www.UhB.kr

묻고 답하기 ㅣ 웹 표준 커뮤니티 www.Standard.pe.kr

집필 서적 ㅣ 크리에이티브 디자이너를 위한 웹 표준 - 2009 제우미디어

정성훈

UX 전문회사 아메바 이사

최근 스마트 폰 시장의 급속한 성장과 태블릿 PC의 대중화 그리고 SNS(Social Networking Service)의 부상 등 모바일의 중요성이 날로 커져가고 있는 현재 우리는 모바일 혁명의 시대를 살아가고 있다고 해도 과언이 아닐 것입니다.

2년 전 저자의 저서인 〈크리에이티브 디자이너를 위한 웹 표준〉을 접하고 웹 전문가의 경험이 고스란히 담긴 실무 노트와 같은 책을 통해 많은 도움을 받았습니다.

그리고 이번에 새로 출간된 〈어비의 모바일 HTML〉은 UX 업계 종사자의 시선으로 봤을 때 모바일 전문가를 꿈꾸는 학생이나 직장인들에게 희망과 용기를 줄 수 있는 책이라고 확신합니다.

또한 모바일 기획자, 디자이너, 개발자 및 기타 관련자 분들에게는 충실한 안내서이자 지침서가 될 것입니다.

끝으로 앞으로 출간 예정인 모바일 관련 서적들도 매우 기대가 큽니다 언제나 도전과 공유의 정신으로 꿈을 펼치시길 바랍니다.

백호성

SK커뮤니케이션즈 무선NATE본부 UI 총괄

스마트폰의 대중화와 함께 모바일 환경에서 산업 전반에 대한 경쟁력 향상과 편리한 서비스를 제공해줄 수 있는 모바일 웹 표준화가 우선시되고 있는 시기에 〈어비의 모바일 HTML〉은 모바일웹 실무자들이 보다 쉽게 이용할 수 있도록 제작된 도서입니다.

웹보다 훨씬 더 협소한 정보 영역을 제공하는 모바일 환경에서 UI 디자이너와 개발자들은 사용성과 접근성을 기술적인 측면에서만 바라볼 게 아니라 기본적으로 갖춰야 할 중요한 요소로서 인식해야 할 것입니다.

현업에서 UX 디자인과 모바일 웹 표준 업무를 담당하고 있는 송태민 군은 애플리케이션과 무선 서비스에 대한 다양한 프로젝트 경험을 바탕으로 모바일 웹 초급자들도 쉽게 이해하고 사용할 수 있도록 실무 중심으로 내용을 정리하였습니다.

모바일 관련 서적이 많이 나와 있지만 실무 중심으로 집필된 책은 없기 때문에 모바일 웹 실무를 배우고자 하는 분들과 전문가들에게 적합한 최고의 서적이라고 할 수 있습니다.

　　바쁜 업무 속에서도 웹 표준 강의를 병행하면서 모바일 웹 실무자들에게 필요한 서적을 준비해준 송태민 군의 노력과 열정에 아낌없는 박수를 보냅니다.

▼ 송지연 - 노키아 지멘스 네트웍스 차장

디자이너가 직접 공유하는 모바일 코딩 비법! 회사 업무와 강의까지 하면서 하루가 모자랄 정도로 바쁜 분이 이런 보석 같은 책을 내주셔서 감사할 뿐입니다. 모바일 애플리케이션이 갑자기 열풍처럼 불면서 많은 서적들이 나왔지만 이 책처럼 실무에 적용할 수 있도록 정리된 책은 드문 것 같습니다. 게다가 실무 디자이너가 직접 하는 모바일 코딩이라니! 무엇보다 중요한 것은 단순히 이론을 나열해놓는 것에 그치는 것이 아니라, 실제로 이러한 내용들이 실무에서 어떻게 활용되는지를 알아봄으로써 실제 개발에 도움이 될 수 있는 부분이 많습니다. 모바일 코딩을 하고는 싶지만 도대체 어디서부터 어떻게 시작해야 할지 모르는 분들께서는 이 책을 꼭 읽어보세요. 후회하지 않으실 겁니다.

▼ 노재문 - 골프존 기획팀 대리

知之者는 不如好之者요. 好之者는 不如樂之者라. 즐기는 디자이너 태민이의 두 번째 서적인 〈어비의 모바일 HTML for Biginner〉에 베타테스터로 참여한 결과 '딱이다'라는 생각이 들었습니다. 이론 중심의 책에서 헤매다 실패의 쓴맛을 보신 분들의 입맛에 딱 맞는 실무중심의 Tip을 정리해놓은 책입니다.

모바일에 입문하려는 퍼블리셔뿐만 아니라 기획자, 개발자에게도 중간 중간에 궁금했던 점들을 콕콕 체크해주는 책이라고 보여집니다.

내용을 보면 아이폰용, 안드로이드용으로 구분되어 있어, 명확하게 찾아 볼 수 있고, 보너스 트랙에 있는 바이블들도 잘 정리되어 있어 좋은 자료가 될 것 같습니다.

앞으로 지속적으로 발전할 모바일 분야에서 또 하나의 유익한 책이 나왔다는 점이 독자의 한 사람으로서 매우 기쁘게 생각합니다.

마지막 페이지를 보고 아쉽다는 생각이 들었지만, 2탄이 있다는 얘기를 듣고 벌써부터 기대가 됩니다.

▼ 추진우 - 롯데 종합광고대행사 인터랙티브팀 크리에이티브 선임 디자이너

www.zinupix.com

재주 많고 부지런한 어비 님의 두 번째 책을 보며 매체의 극점인 모바일에서의 HTML & CSS의 개념과 실무 노하우를 알 수 있는 기회가 되었다. 웹의 웹 표준화의 비중보단 활성화 대중화 단계에서의 표준화 비중이 커지고 있는 시점에서 가려운 부분을 긁어 줄 수 있는 책이다. 제목대로 처음 시작하는 분에게 도움이 될 수 있는 책이다.

디자인과 광고 쪽 크리에이티브 디자이너에게도 기본적 개념을 정리하여 더 나은 디자인 제안을 할 수 있도록 만들어준다. 시기에 맞게 노력하고 지식을 공유하는 어비의 더욱 큰 날갯짓을 기대하게 만든다.

▼ 김기범 - Interactive Web Designer (금강오길비그룹 REDWORKS) 대리

태민 님의 웹 표준 서적의 베타테스팅을 한지 벌써 2년이 지난 걸 보니 시간 참 빠릅니다.

이번엔 모바일 코딩에 관련된 책을 내놓으셨다는 말을 듣고, 기쁜 마음으로 참여하였습니다.

국내에 모바일 실무 관련 서적이 없는 탓에 이번 서적은 의미 있는 작업이었다는 생각이 듭니다. 실제로 내용을 검토해보니, HTML기본을 공부하신 분들은 쉽게 따라 할 수 있게 정리를 해놓으셨습니다.

서적의 예제를 한두 차례 따라 제작을 해보시면, 모바일 코딩을 쉽게 하시게 될 것입니다.

실제로 저도 놓쳤던 부분들을 새삼 깨닫는 계기가 되었답니다.

전문 웹퍼블리셔 분들보다는, 주니어 웹퍼블리셔 분들, 퍼블리싱을 겸하는 웹디자이너 분들에게 추천합니다.

▼ 박정원 - 엔씨소프트 음악서비스실 과장

실무를 하는 디자이너뿐 아니라, 기획자들도 읽기 편하도록 쉽게 정리된 목차와 알찬 내용이 가득한 책입니다.

모바일 웹/앱의 기본 개념부터 실무에 바로 적용할 수 있는 예제와 친절한 설명까지 또한 태

그/핵 바이블 및 PPT 예제 등 유용한 자료들을 첨부하여 여러 책을 번갈아 찾아보는 수고를 덜어줄 수 있으리라 생각합니다.

어비 님의 부담스런 사진이 거슬리긴 하지만, 그 사진을 참고 봐 줄만큼 값어치가 충분한 서적입니다.

N스크린 시대의 도래와 함께, 기존의 웹에 모바일 디자인까지 영역을 넓혀야만 하는 디자이너들의 부담감을 한방에 해결해 줄 수 있는 어비의 모바일 HTML을 강력 추천합니다.

▼ 백원석 - Carex 주임

최근 디자인 분야에서 가장 이슈가 되고 많은 사람들의 관심을 가지고 있는 것이 바로 모바일 디자인입니다.

저자는 이슈의 중심에 관련된 많은 실무를 담당하고 있으며, 과도기적인 웹 표준을 다양한 독자들에게 좀 더 쉽게 다가갈 수 있도록 노력하고 있습니다.

이러한 저자의 결실이 맺어 있는 이 책은 모바일 코딩의 기본 개념에서부터 실질적인 디자인 예제를 통해 저자가 가지고 있는 실무의 경험을 간접적으로 공유할 수 있도록 하였습니다.

QR코드를 이용한 예제 미리 보기, 보편적으로 사용되는 충실한 따라 보기 등은 이 책의 가장 큰 장점이라고 볼 수 있습니다.

아무쪼록 이 책을 통해 많은 독자들이 손쉽게 자신만의 모바일 디자인 세계를 구축할 수 있기를 바랍니다.

▼ 박인 - SK커뮤니케이션즈 무선NATE개발팀 과장

지식에 대한 욕심만큼은 놀부를 능가하는 어비 님과 같은 회사에 다니면서 저의 모바일 지식과 경험까지 흡성대법하는 어비를 보면서 '이 사람 강하구나'라고 생각했습니다.

지식을 쌓기보단 알리고 공유하는 것을 즐기면서 좋아하는 어비 님이 책을 쓴다고 하기에 부족하지만 열심히 베타 테스트에 참여하게 되어 이런 글도 쓰게 됩니다. 군더더기 없는 요약된 정보에 감동할 것이라는 생각이 들며, 독자 여러분도 어비의 모바일 HTML 서적을 통해서 모바일 HTML & CSS에 자신이 붙었으면 합니다.

http://www.Standard.pe.kr

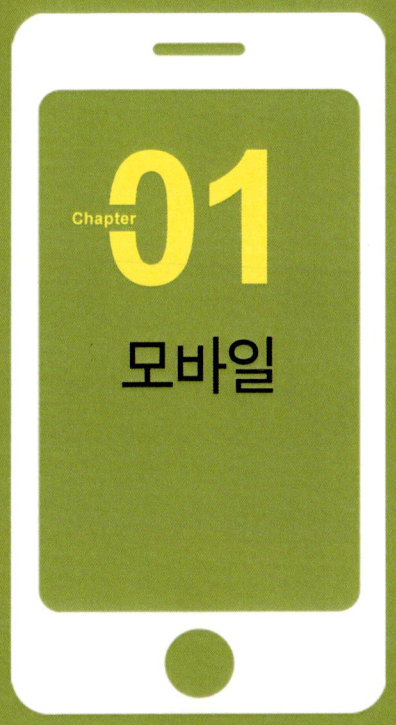

Mobile
Html & Css

Chapter **01**

모바일

우리는 트렌드가 매우 급격하게 변하고 있는 시대에 살고 있습니다. 웹이라는 시장도 시작한지 10여 년밖에 지나지 않았습니다. 지금은 작은 휴대폰 디바이스에서 웹을 즐길 수 있는 시대가 왔습니다. 우리와 같이 IT에서 업무를 하고 있는 사람들에게는 트렌드에 매우 민감하며 항상 공부를 하면서 살아가야만 하는 숙제를 지니고 있습니다. 이번 1장에서는 모바일에 대한 전반적이고 간략한 이론을 배워보도록 하겠습니다.

01

모바일

'어비의 모바일 HTML'의 시작은 모바일은 무엇인가에 대해서 알아보는 이론의 시간입니다. 이론도 중요하지만 이 책에서는 매우 중요한 요소는 아닙니다. 이론은 아주 기초부터 살펴보고 실무를 하면서 궁금하면 스스로 알아보는 노력을 하는 것도 좋은 방법이라고 생각합니다. 저자가 공부하면서 실무를 겸업하면서 느꼈던 점을 요약해서 이론적인 설명을 하겠습니다.

01 모바일의 정의

모바일(Mobile)은 2009년부터 국내에서 아이폰의 등장과 함께 큰 돌풍을 몰고 온 한 분야입니다. 단순하게 말하면 하나의 전화가 가능한 디바이스일 수도 있으나 태블릿PC등 다양하게 분류되어서 제작되어서 나오는 것입니다.

일반 PC용 웹사이트에 비해서 가볍고 간단하고 쉬운 UI(User Interface)를 지닌 것이 특징이며 휴대성을 지닌 디바이스의 특성 때문에 그에 맞는 LBS(Location-Based Service) 등 다양한 기술과 접목해서 활용되는 특징이 있습니다.

일반적으로 모바일 웹이라고 하면 크게 두 가지 분류로 나뉩니다. 무선서비스와 유선서비스입니다. 이 두 가지에 대해서 알아보도록 하겠습니다.

WAP (무선 서비스)

WAP(Wireless Application Protocol) 이라고 불리는 무선 서비스가 있습니다. WAP서비스는 무선망 설비에서 무선단말기 및 이에 필요한 시스템SW 등 표준을 포함하고 있으며 기존 인터넷 표준에 기반하고 있으므로 WML 및 HTML을 지원하고 있으나 다양한 태그를 지원하지는 못합니다.

현재 국내에서는 SKT, OllehKT, LGU+ 이동통신 3사에서 전부 서비스를 하고 있습니다. 모두 과금형 서비스이며 무료 서비스 존의 경우 요금제에서 일정 금액을 할당해서 서비스를 하고 있습니다.

언제가 시초인지는 중요하지 않습니다. 우리가 흔히 생각하는 것은 2000년대 초반입니다. 휴대폰에서 무선인터넷으로 하는 NATE, nTop 등 그 무선인터넷이 현재 우리가 사용하는 모바일 웹의 시초가 아닐까요?

HTML/XHTML/HTML5 (유선 서비스)

HTML/XHTML 부분을 따로 빼놓은 이유는 기존 WAP브라우저에서도 가능은 하지만 많은 태그들이 호환이 안되므로 우리가 현재 사용하고 있는 스마트 폰의 모바일 웹을 따로 자세히 알아보기 위해서 나눴습니다. 일반 PC용 웹사이트에서 제작하는 방식대로 만든 웹사이트입니다. 여러분과 저자가 공부하고 싶은 분야는 이런 유선 서비스 분야가 아닐까 싶습니다.

이런 모바일 웹 코딩 혹은 모바일 UI개발이라고 불리는 부분은 유선 서비스를 가리키는 것입니다.

네이버 모바일

다음 모바일

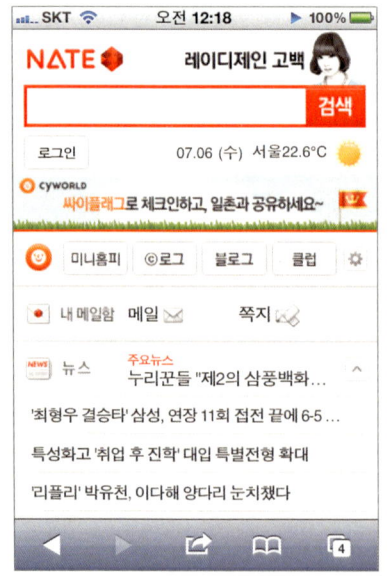

네이트 모바일

파란 모바일

02　모바일 서비스의 역사

　시초는 2000년대 초반인 WAP서비스라고 생각합니다. 이를 통해서 나날
이 발전을 거듭하면서 지금은 4G LTE까지 개발되어 서비스가 진행되고 있
습니다. 통신망이 빨라지고 지원되는 기능들이 많아질수록 당연히 사용자
들에게 보다 편리하고 빠른 서비스가 제공됩니다.

03　모바일의 현시점

　스마트폰에 기본적으로 깔린 브라우저들은 각각 다릅니다.
　대표적으로 아이폰의 사파리, 안드로이드폰의 크롬엔진 브라우저가 대표
적이며, 오페라 미니 브라우저, 파이어폭스 모바일 브라우저 등 다양한 브
라우저도 있으나 우리가 작업하면서 확인해야 할 브라우저는 아이폰과 안
드로이드의 기본 브라우저입니다.

04　모바일 사이트 코딩의 표준

　모바일 사이트 코딩의 표준은? 코딩 하는 법은? 이런 류의 질문을 가장
많이 받습니다. 결론부터 말하자면 표준과 특별한 방법 같은 것은 존재하
지 않습니다.
　기존에 우리가 HTML 웹표준 코딩을 하는 방식 그대로 하시면 됩니다.
단, 모바일 웹을 위해서 따로 준비되어 있는 태그나 노하우는 분명 존재하
긴 합니다. 물론 몰라도 어느 정도 진행할 수는 있습니다. 우리는 사이트
제작을 하면서 항상 1024×768, 1280×1024 등 해상도에 최적화가 된 사이

트 디자인 및 코딩을 해왔습니다. 하지만 모바일의 경우는 살짝 다를 수 있습니다. 모바일, 스마트폰의 경우 다양한 해상도가 존재하지만 우리가 느끼는 액정 사이즈는 대부분 비슷합니다. 이 말은 즉 같은 사이즈로 제작 할 경우 해상도가 큰 폰에서는 매우 작게 보인다는 뜻입니다. 그러므로 모바일에서는 픽셀(화소, px) 단위의 딱 맞는 디자인, 코딩이 아닌 퍼센테이지(%)로 진행해야 합니다. 이런 류의 실무 노하우는 차근차근 알아보도록 하겠습니다.

01

모바일 그리고 앱(애플리케이션)

모바일에 입문하자면 빠뜨릴 수 없는 것이 하나 더 있습니다. 웹 말고도 앱이란 것이 있습니다. 앱은 애플리케이션(Application)의 약어로 하나의 커다란 테마가 되었습니다.

모바일 앱은 크게 3가지로 나눠 설명할 수 있습니다.

01 네이티브 앱(Native App)

각 디바이스에 최적화되어 제작되는 앱을 말합니다. 아이폰의 앱스토어를 통한 앱, 안드로이드의 마켓을 통합 앱, 블랙베리의 앱월드 등을 통해 해당 운영체제(OS)에서 요구한 언어와 기능 등을 기반으로 개발되어 있는 앱입니다. 이는 해당 디바이스에 최적화되어 제공할 수 있다는 장점이 있으나 서비스를 각 OS 단말마다 제공해야 하므로 많은 시간과 비용이 드는 단점이 있습니다.

02 웹 앱(Web App)

웹 앱은 말 그대로 웹으로 구현하는 앱, 애플리케이션입니다. 그렇다면 웹 앱과 모바일을 비교해 볼까요? 둘은 특별히 다른 언어로 제작되어 있는 것은 아닙니다. 하지만 아이폰의 경우 메타태그를 이용하여 웹이지만 네이티브 앱처럼 표현할 수 있습니다. 하지만 네이티브 앱처럼 타이틀 바나 탭 부분이 고정되어 있을 수는 없습니다. 단순히 웹으로 표현되는 탓에 어느 한 부분이 고정될 순 없고 전체가 스크롤 됩니다.

웹 앱과 모바일 웹에서 사용되는 특별한 메타 태그를 살펴보겠습니다. 이것은 모바일 디바이스에서의 확대·축소 가능 여부와 크기가 다른 디바이스와 관련된 부분입니다.

사이즈에 대한 메타 뷰포트는 아래의 소스와 같이 사용됩니다. 이것 말고도 모바일에서 사용되는 메타태그가 여럿 존재합니다. 아이폰용, 안드로이드용 등 따로도 존재하니 구분해서 적용하는 것도 매우 중요한 포인트입니다.

```
<meta name="viewport" content="width=device-width, initial-scale=1.0,
maximum-scale=1.0, minimum-scale=1.0, user-scalable=no," />
```

이러한 모바일 전용 태그들에 대해서는 뒤에서 자세히 다루도록 하겠습니다.

03 하이브리드 앱(Hybrid App)

최근 들어서 하이브리드 앱이라는 용어를 꽤 많이 듣습니다. 이 앱은 말 그대로 두 가지를 섞어놓은 기술입니다. 네이티브 앱에 웹 앱 기술을 접목했다고 볼 수 있지요.

네이티브 앱을 제작할 경우 아이폰용이든 블랙베리용이든 안드로이드용이든 각 OS에 맞는 언어로 제작해야 합니다. 그렇게 되면 해당 기술력을 지니고 있는 사람을 구하고 제작하는 데 상당한 비용이 듭니다. 하지만 하이브리드 형태의 앱을 만들게 되면 사정은 달라집니다.

속의 콘텐츠 내용은 HTML기반의 웹 앱으로 제작하고 패키징 처리만 아이폰용, 블랙베리용, 안드로이드용으로 제작하면 매우 편리하게 다양한 베리에이션을 제작할 수 있습니다.

'원 소스 멀티 디바이스'란 용어는 이럴 때 쓰이지는 않지만 비슷한 의미로 받아들여도 무방할 듯합니다.

디자인과 HTML 코딩을 할 수 있는 웹퍼블리셔에게는 참 좋은 기회라고 생각합니다. 해당 OS 개발자 없이도 자기 스스로 앱을 디자인하고 개발해서 앱스토어, T스토어 등에 올릴 수 있으니까요.

http://www.Standard.pe.kr

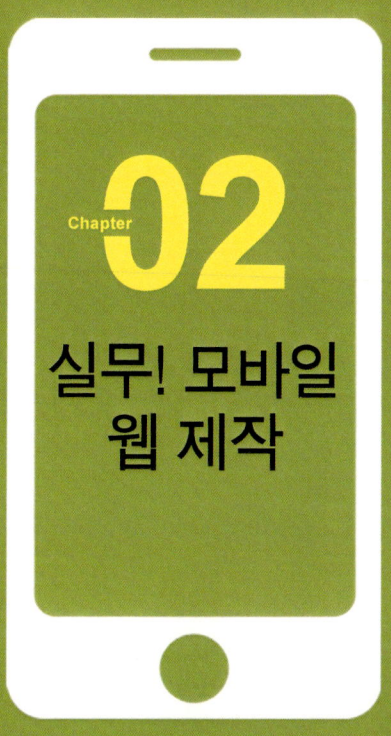

Mobile
Html & Css

Chapter **02**

실무! 모바일 웹 제작

이번에 배울 것은 어비의 모바일HTML의 아이템인 '실무' 모바일 웹 제작입니다. 바이블로만 배울 수 없었던 그리고 웹 표준에서는 배울 수 없었던 모바일 웹 제작에 대해서 배워보도록 하겠습니다.

실제 모바일 웹 디자인을 보고 함께 HTML코딩을 해나가면서 코드 하나하나에 대해 상세한 설명을 들으면서 배워봅시다.

예제 디자인 파일
http://standard.pe.kr 다운로드

02

모바일 HTML & CSS

01 페이지 크기 제어

각 디바이스의 크기에 맞게 제공되어야 하므로 가로 값은 device-width 로 설정해서 최적화시킵니다. 그리고 웹 앱은 사용자들로 하여금 웹보다 는 앱의 느낌을 주어야 하므로 확대 사용을 금지해서 제공하게 됩니다. 때 에 따라서 접근성을 높이기 위해서는 확대를 가능하게 하는 것도 한 방법 입니다.

```
<meta name="apple-mobile-web-app-capable" content="yes" />
```

가장 기본 적인 메타태그입니다.

```
<meta name="viewport" content="width=device-width, initial-scale=1.0,
maximum-scale=1.0, minimum-scale=1.0, user-scalable=no," />
```

모든 모바일 전용 사이트들의 소스를 보면 상단에 이런 MEATA태그가 있습니다. 자세히 알아보겠습니다.

width= device-width 각 디바이스의 해상도에 맞춰서 보일 수 있도록 설정
initial-scale=페이지가 보이는 기본 비율, (아이폰의 경우 스케일이 1이면 가로 320px에 맞춰집니다.)
maximum-scale=페이지가 보이는 최대 비율
minimum-scale=페이지가 보이는 최소 비율
user-scalable=사용자가 디바이스에서 확대 가능 여부

만약 가로 값이 320px만 원한다면 width=320px로 설정해도 되나 이렇게 되면 해상도가 큰 디바이스에서는 여백이 너무 크거나 화면이 너무 작게 보일 수 있으므로 주의해야 합니다.

02 브라우저 기본 UI (URL Bar, Status Bar) 없애기/변경하기

예제 미리 보기 http://uhb.kr/2

모바일 사이트에 접속 시 해당 브라우저의 상단은 대부분 주소입력 창이 차지합니다. 이는 페이지를 볼 때 상당히 불편합니다. 작은 디바이스 환경에서 조금이라도 넓은 영역을 볼 수 있고 좀 더 편하게 해주는 것이 모바일 웹을 만드는 사람의 과제 아닐까 싶습니다.

브라우저 기본 UI는 페이지가 로딩 된 후 자동으로 사라지게 하는 소스가 있습니다. 아이폰 전용 소스도 있으며 안드로이드폰도 동시에 되는 소스가 있으니 용도에 맞게 사용하시면 됩니다.

```
<link rel="apple-touch-icon-precomposed" href="app_icon.png" />
```

```
<link rel="apple-touch-icon" href="app_icon.png" /> *아이폰 전용
```

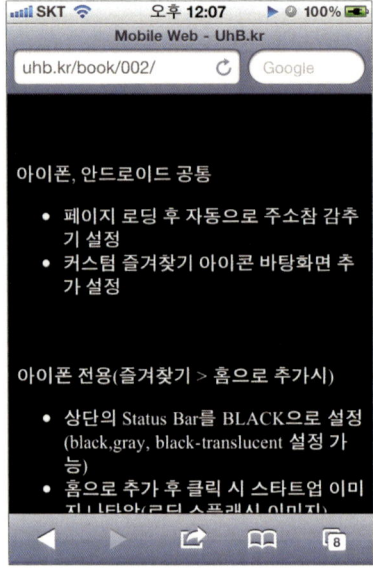
주소 창과 함께 로딩된 경우

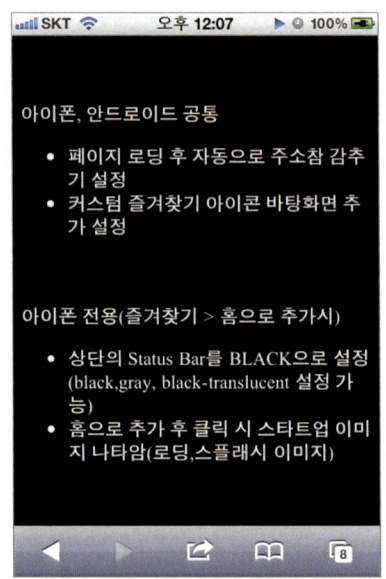
로딩되면서 주소 창이 사라진 경우

일단 아이폰과 안드로이드폰에서 동시에 사용 가능한 자바스크립트가 있습니다.

```
<script type="text/javascript" language = "javascript">
window.addEventListener('load', function() {
setTimeout(scrollTo, 0, 0, 1);
}, false);
</script>
```

이 스크립트를 사용하면 페이지가 로딩되면서 자동으로 브라우저 기본 상단 UI가 사라지면서 내용이 나타나므로 사용자들이 편리하게 사용할 수 있습니다.

안드로이드와 아이폰 동시에 적용된다는 점이 큰 장점이므로 많이 쓰이고 있습니다.

아이폰은 메타태그로 따로 존재하기도 합니다만, 아이폰만을 위한 특정 소스이므로 아이폰 전용 사이트에서만 사용하셔야 합니다. 만약 아이폰이 아닌 스마트폰에서 이 소스를 적용할 경우 아무런 효과를 얻을 수 없습니다.

위의 메타태그를 입력하면 간단하게 처리됩니다.

▶ 예제 사이트 소스

```
<!DOCTYPE html PUBLIC "-//W3C//DTD XHTML 1.0 Transitional//EN" "http://
www.w3.org/TR/xhtml1/DTD/xhtml1-transitional.dtd">
<html xmlns="http://www.w3.org/1999/xhtml">
<head>
<meta http-equiv="Content-Type" content="text/html; charset=euc-kr" />
<meta name="viewport" content="width=device-width, initial-scale=1.0,
maximum-scale=1.0, minimum-scale=1.0, user-scalable=no," />
<title>Mobile Web - UhB.kr</title>
<script type="text/javascript" language = "javascript">
window.addEventListener('load', function() {
setTimeout(scrollTo, 0, 0, 1);
}, false);
</script>
<style type="text/css">
#wrap {height:1000px; padding:50px 0;}
</style>
</head>
```

```
<body>
<div id="wrap">
아이폰, 안드로이드 공통
<ul>
<li>
페이지 로딩 후 자동으로 주소 창 감추기 설정
</li>
</ul>
</div>
</body>
</html>
```

· CSS는 설명 편의상 HTML 내부에 존재하게 코딩 했습니다.

· 색상으로 예제를 잘 표현하기 위해서 CSS를 사용한 곳도 있습니다.

03 모바일 웹용 아이콘 설정

　모바일폰은 기본적으로 모바일웹 사이트를 즐겨찾기 하여 바탕화면에 배치할 수 있습니다.

　바로 갈 수 있도록 편의성을 고려한 것입니다. 그럼 바로가기 아이콘도 직접 디자인할 수 있다면 좋지 않을까요? 기존 웹에서는 파비콘으로 제작해서 제공했지만 스마트폰은 아이콘이 좀 더 크기 때문에 따로 설정을 해야 합니다.

　이 역시 아이폰, 안드로이드폰에서 공통으로 쓰이는 부분과 아이폰 전용으로 나뉩니다. 일단 태그 소스 자체는 아이폰을 위해서 제작된 것입니다. 직접 디자인한 아이콘을 모서리만 둥글게 자동편집 한 후 바탕화면에 배치합니다.

이 소스는 아이폰에서 자동으로 glossy 효과(입체적으로 튀어나와있는 모습)를 나타냅니다.

원본아이콘

첫 번째 아이콘 apple-touch-icon 적용
두 번째 아이콘 apple-touch-icon-precomposed 적용

아이콘 파일은 PNG로 저장하며, 사이즈는 다음과 같다.

1. 아이폰4 : 권장사이즈 114×114

2. 아이폰3GS : 권장사이즈 57×57

3. 아이패드 : 권장사이즈 72×72

4. 안드로이드 : 권장사이즈 72×72

아이폰을 사이즈 별로 만드는 것은 불편하고 낭비이므로 가장 큰 사이즈인 114×114로 제작하면 그 이하 사이즈는 자동적으로 줄어들면서 설정할 수가 있으므로 편리합니다.

```
<meta name="apple-mobile-web-app-status-bar-style" content="black" />
<meta name="apple-mobile-web-app-status-bar-style" content="gray" />
<meta name="apple-mobile-web-app-status-bar-style" content="black-translucent" />
```

▶ 예제 소스

```
<!DOCTYPE html PUBLIC "-//W3C//DTD XHTML 1.0 Transitional//EN" "http://www.w3.org/TR/xhtml1/DTD/xhtml1-transitional.dtd">
<html xmlns="http://www.w3.org/1999/xhtml">
<head>
<meta http-equiv="Content-Type" content="text/html; charset=euc-kr" />
<meta name="viewport" content="width=device-width, initial-scale=1.0, maximum-scale=1.0, minimum-scale=1.0, user-scalable=no," />
<title>Mobile Web - UhB.kr</title>
<script type="text/javascript" language = "javascript">
window.addEventListener('load', function() {
setTimeout(scrollTo, 0, 0, 1);
}, false);
</script>
<style type="text/css">
#wrap {height:1000px; padding:50px 0;}
body {color:#FFFFFF;}
</style>
<link rel="apple-touch-icon-precomposed" href="app_icon.png" />
</head>

<body>
<div id="wrap">
아이폰, 안드로이드 공통
<ul>
<li>페이지 로딩 후 자동으로 주소 창 감추기 설정</li>
<li>커스텀 즐겨 찾기 아이콘 바탕화면 추가 설정</li>
</ul>
</div>
</body>
</html>
```

· CSS는 설명 편의상 HTML 내부에 존재하게 코딩 했습니다.

· 색상으로 예제를 잘 표현하기 위해서 CSS를 사용한 곳도 존재합니다.

04 아이폰용 StatusBar 설정 및 로딩 이미지 설정

아이폰용 StatusBar

아이폰에서만 가능한 웹 앱 태그들이 존재합니다. 사용자들은 홈 화면으로 즐겨찾기를 한 후 바로 이용할 수 있다는 점에서 편리합니다.

홈 화면으로 추가하는 법을 알아보겠습니다.

1.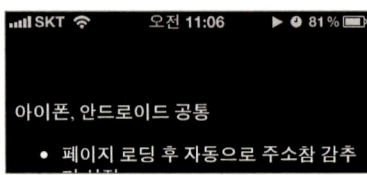

사파리 브라우저로 접속 후 내보내기 아이콘 버튼을 터치합니다.

2. **홈 화면에 추가**

경고창이 나오면 '홈 화면에 추가' 버튼을 터치합니다.

3. 웹사이트에 아이콘이 설정되어 있다면 아이콘이 나오고 아이콘이 없는 사이트라면 사이트가 캡처되어서 아이콘으로 나오게 됩니다.

위와 같이 홈 화면에 추가되면 바탕화면에서 바로가기도 설정되며 웹 앱이 가능한 모바일 웹이라면 웹 앱으로도 실행됩니다.

iOS의 경우 Status Bar부분은 총 4가지의 모습을 지닙니다. 블랙, 그레이, 검정 반투명, Status Bar 없음, 이렇게 4가지이지만 웹 앱에서는 블랙, 그레이, 검정 반투명 3가지로만 제공됩니다.

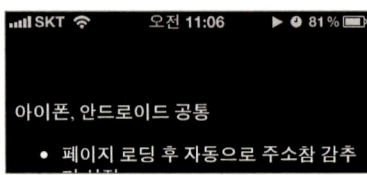

Black

grey

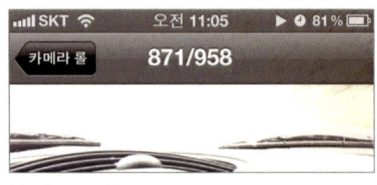

black-translucent

로딩 이미지 설정

예제 미리 보기 http://uhb.kr/3

로딩 이미지 혹은 스플래시 이미지의 경우 앱에서만 제공하게 됩니다. 그러므로 웹에서 로딩 이미지가 제공될 때는 웹 앱으로 제작되었을 때 제공되며 현재는 아이폰에서만 사용할 수 있는 소스입니다.

아래와 같은 소스는 아이폰에서 홈 스크린에 추가되어 실행시켰을 때 나오는 부분입니다.

```
<link rel="apple-touch-startup-image" href="startup.png" />
```

* 참고로 아이폰의 웹 앱 전용 태그의 경우 홈 스크린에 추가된 아이콘으로 실행시킨 웹 앱에만 적용됩니다.

실무 Tip

아이폰	320px X 460px(Status Bar 20px 제외)
아이패드는	768px X 1004px(Status Bar 20px 제외)

아이폰4의 경우 640px X 960px 해상도이지만 웹 브라우저의 기본 해상도는 320px X 480px 이므로 특별히 다른 사이즈를 이용해서 제작하지 않습니다.

로딩 이미지 앱을 사용하려면 웹 앱 형태가 되어야 한다는 것을 배웠습니다. 그러면 웹 앱은 어떻게 설정하는 것일까요? 아래와 같은 소스를 삽

입하면 해결됩니다.

　이것을 설정하고 홈 화면으로 추가해서 실행하면 기본 사파리 브라우저의 주소 창과 하단의 컨트롤UI는 사라져서 노출되지 않습니다.

```
<meta name="apple-mobile-web-app-capable" content="yes" />
```

```
<!DOCTYPE html PUBLIC "-//W3C//DTD XHTML 1.0 Transitional//EN" "http://
www.w3.org/TR/xhtml1/DTD/xhtml1-transitional.dtd">
<html xmlns="http://www.w3.org/1999/xhtml">
<head>
<meta http-equiv="Content-Type" content="text/html; charset=euc-kr" />
<meta name="viewport" content="width=device-width, initial-scale=1.0,
maximum-scale=1.0, minimum-scale=1.0, user-scalable=no," />
<meta name="apple-mobile-web-app-status-bar-style" content="black" />
<meta name="apple-mobile-web-app-capable" content="yes" />
<title>Mobile Web - UhB.kr</title>
<script type="text/javascript" language = "javascript">
window.addEventListener('load', function() {
setTimeout(scrollTo, 0, 0, 1);
}, false);
</script>
<style type="text/css">
#wrap {height:1000px; padding:50px 0;}
body {background:#000000; color:#FFFFFF;}
</style>
<link rel="apple-touch-icon-precomposed" href="app_icon.png" />
<link rel="apple-touch-startup-image" href="startup.png"/>

</head>

<body>
<div id="wrap">
아이폰, 안드로이드 공통
<ul>
```

```
<li>페이지 로딩 후 자동으로 주소 창 감추기 설정</li>
<li>커스텀 즐겨 찾기 아이콘 바탕화면 추가 설정</li>
</ul>
<br />
<br />
아이폰 전용(즐겨 찾기 > 홈으로 추가 시)
<ul>
<li>상단의 Status Bar를 BLACK으로 설정(black, gray, black-translucent 설정
가능)</li>
<li>홈으로 추가 후 클릭 시 스타트업 이미지 나타남(로딩, 스플래시 이미지)</li>
</ul>
<br />
<br />
</div>
</body>
</html>
```

05 해상도 사이즈에 따른 디자인 변경(모바일 가로, 세로 디자인 자동 변경)

예제 미리 보기 http://uhb.kr/4

CSS

```
<link rel="stylesheet" type="text/css" href="iphone.css" media="only screen
and (max-width: 480px)" />
```

```
<link rel="stylesheet" type="text/css" href="desktop.css" media="screen and
(min-width: 481px)" />
```

브라우저 사이즈에 따라서 각기 다른 CSS 설정을 보여주기 위한 방법입
니다.

아이폰 기준으로 가로 최대 해상도 480을 기준으로 하는데 이런 경우는
하나의 페이지로 웹과 모바일을 모두 처리할 수 있습니다.

실무에선 이것보다는 m.naver.com, m.daum.net 과 같이 원래 사이트
와는 완전히 분리된 별도의 사이트를 가지고 있습니다.

User Agent로 사용자 환경을 체크해서 접속 환경에 맞는 사이트로 이동
시키면 간단합니다 (자바스크립트 또는 서버스크립트 처리).

```
<!DOCTYPE html PUBLIC "-//W3C//DTD XHTML 1.0 Transitional//EN" "http://
www.w3.org/TR/xhtml1/DTD/xhtml1-transitional.dtd">
<html xmlns="http://www.w3.org/1999/xhtml">
<head>
<meta http-equiv="Content-Type" content="text/html; charset=euc-kr" />
<meta name="viewport" content="width=device-width, initial-scale=1.0,
maximum-scale=1.0, minimum-scale=1.0, user-scalable=no," />
<meta name="apple-mobile-web-app-status-bar-style" content="black" />
<meta name="apple-mobile-web-app-capable" content="yes" />
<title>Mobile Web - UhB.kr</title>
<script type="text/javascript" language = "javascript">
window.addEventListener('load', function() {
setTimeout(scrollTo, 0, 0, 1);
}, false);
</script>
<style type="text/css">
#wrap {height:1000px; padding:50px 0;}
body {color:#FFFFFF;}
@media only screen and (max-width: 320px){
body {background:#FF0000;}
}
@media screen and (min-width: 321px){
```

```
body {background:#669966;}
}
</style>
<link rel="apple-touch-icon" href="app_icon.png" />
<link rel="apple-touch-icon-precomposed" href="app_icon.png" />
<link rel="apple-touch-startup-image" href="startup.png"/>


</head>

<body>
<div id="wrap">
아이폰, 안드로이드 공통
<ul>
<li>페이지 로딩 후 자동으로 주소 창 감추기 설정</li>
<li>커스텀 즐겨 찾기 아이콘 바탕화면 추가 설정</li>
</ul>
<br />
<br />
아이폰 전용(즐겨 찾기 > 홈으로 추가 시)
<ul>
<li>상단의 Status Bar를 BLACK으로 설정(black,gray, black-translucent 설정
가능)</li>
<li>홈으로 추가 후 클릭 시 스타트업 이미지 나타남(로딩, 스플래시 이미지)</li>
</ul>
<br />
<br />

</div>
</body>
</html>
```

예제 미리 보기 http://uhb.kr/b

기본적으로 모바일 웹 페이지에서는 내부 스크롤, 웹에서 봤을 때는 iFrame과 같은 기능을 기대하기는 어렵습니다. 모바일에서는 페이지 자체가 풀 브라우저가 되어 보이는 그대로 페이지가 완성되고 position : absolute로도 제어가 되지 않습니다. 그래서 나온 것이 iScroll이라는 것입니다. 일정 공간 고정영역을 잡아서 사용할 수 있습니다. 공개되어 있으므로 활용하면 매우 좋습니다.

간단히 사용법을 알아보겠습니다.

```
SCRIPT
<script type="text/javascript">

var myScroll;
function loaded() {
        myScroll = new iScroll('wrapper');
}

document.addEventListener('touchmove', function (e) { e.preventDefault();
}, false);
document.addEventListener('DOMContentLoaded', loaded, false);

</script>
iScroll
```

```
HTML
<div id="wrapper">
        <div id="scroller">
                <ul>
                        <li></li>
                        ...
                        ...
                </ul>

                <ul>
                        <li></li>
                        ...
                        ...
                </ul>
        </div>
</div>
```

스크립트의 wrapper와 HTML부분의 wrapper 네이밍을 동일하게 맞춰
주는 것이 매우 중요합니다.

iScroll에 대한 자세한 소스와 업데이트 정보는 http://cubiq.org에서 확
인하실 수 있습니다.

▶ 전체 소스

```
<!DOCTYPE html>
<html>
<head>
<meta http-equiv="Content-Type" content="text/html; charset=euc-kr" />
<meta name="viewport" content="width=device-width, initial-scale=1.0,
user-scalable=0, minimum-scale=1.0, maximum-scale=1.0">
<meta name="apple-mobile-web-app-capable" content="yes">
<meta name="apple-mobile-web-app-status-bar-style" content="black">
<title>Mobile Web - UhB.kr</title>
```

```html
<script type="text/javascript" src="http://cubiq.org/dropbox/iscroll4/src/
iscroll.js"></script>
<script type="text/javascript">

var myScroll;
function loaded() {
        myScroll = new iScroll('wrapper');
}

document.addEventListener('touchmove', function (e) { e.preventDefault(); },
false);
document.addEventListener('DOMContentLoaded', loaded, false);

</script>
<style type="text/css" media="all">
body, ul, li { padding:0; margin:0; border:0; }
body { font-size:12px; -webkit-user-select:none; -webkit-text-size-adjust:none;
font-family:helvetica; }
#header { position:absolute; z-index:2; top:0; left:0; width:100%;
height:45px; line-height:45px; background-color:#F30; padding:0;
color:#eee; font-size:20px; text-align:center; }
#footer { position:absolute; z-index:2; bottom:0; left:0; width:100%;
height:48px; background-color:#666; padding:0;}
#wrapper { position:absolute; z-index:1; top:45px; bottom:48px; left:0;
width:100%; background:#aaa; overflow:auto; }
#scroller { position:absolute; z-index:1; /*      -webkit-touch-callout:none;*/
        -webkit-tap-highlight-color:rgba(0,0,0,0); width:100%; padding:0; }
#scroller ul { list-style:none; padding:0; margin:0; width:100%; text-align:left; }
#scroller li { padding:0 10px; height:40px; line-height:40px; border-bottom:1px
solid #ccc; border-top:1px solid #fff; background-color:#fafafa; font-
size:14px; }
#myFrame { position:absolute; top:0; left:0; }
</style>
<link rel="apple-touch-icon" href="app_icon.png" />
<link rel="apple-touch-startup-image" href="startup.png"/>
</head>
<body>
```

```
<div id="header">UhB Mobile by iScroll</div>
<div id="wrapper">
 <div id="scroller">
  <ul id="thelist">
   <li>UhB Scroll Test 1</li>
   <li>UhB Scroll Test 2</li>
   <li>UhB Scroll Test 3</li>
   <li>UhB Scroll Test 4</li>
   <li>UhB Scroll Test 5</li>
   <li>UhB Scroll Test 6</li>
   <li>UhB Scroll Test 7</li>
   <li>UhB Scroll Test 8</li>
   <li>UhB Scroll Test 9</li>
   <li>UhB Scroll Test 10</li>
   <li>UhB Scroll Test 11</li>
   <li>UhB Scroll Test 12</li>
   <li>UhB Scroll Test 13</li>
   <li>UhB Scroll Test 14</li>
   <li>UhB Scroll Test 15</li>
   <li>UhB Scroll Test 16</li>
   <li>UhB Scroll Test 17</li>
   <li>UhB Scroll Test 18</li>
   <li>UhB Scroll Test 19</li>
   <li>UhB Scroll Test 20</li>
  </ul>
 </div>
</div>
<div id="footer"></div>
</body>
</html>
```

02

모바일 웹 실무! 제작해보자

예제 디자인 파일
http://standard.pe.kr 다운로드

01 레이아웃 만들기

　PC용 웹사이트를 제작할 때는 복잡한 레이아웃이 많습니다. 하지만 모바일에서는 작은 디바이스의 환경적인 요인으로 인하여 간단한 레이아웃의 구조가 대부분입니다.

　처음에 연습하실 것은 디자인을 보고 큰 덩어리로 어떻게 나눠서 작업할까 고민하는 것입니다. 덩어리로 나눈다는 것은 디자인에서 의미상 혹은 기능상으로 나눈다는 뜻입니다.

　예를 들어서 메뉴 부분과 리스트 영역은 서로 다른 부분이므로 각자의 덩어리로 표현해서 합쳐 놓는 작업을 하면 된다는 것입니다.

　디자인을 보고 다음과 같이 나눌 수 있어야 합니다.

디자인 상으로도 구분은 되지만 우측의 레이아웃의 모양을 머릿속에 혹은 종이에 연필로 그려놓고 HTML 코드를 짜는 것을 연습하시면 됩니다.

많이 연습하시다 보면 디자인을 보자마자 바로 HTML 코딩이 가능하게 됩니다.

그럼 우측과 같이 레이아웃 모양을 만들어 보겠습니다.

```
<div id="head"></div>
<div id=" banner"></div>
<div id="tab_menu"></div>
```

```
<div id="list"></div>
<div id="fotter_menu"></div>
```

HTML5의 새로운 태그로 작성을 해도 되지만 모바일을 시작하는 사람들을 위한 이번 책에서는 기존의 웹 표준 방식과 HTML5의 쉬운 것들을 함께 사용하면서 친해져 보도록 하겠습니다.

별도의 CSS없이도 레이아웃 모양 구조를 제작하였습니다.

div의 정확한 의미를 알면 쉽게 이해하실 수 있습니다.

실무 Tip

div의 기본 속성
가로 값은 100%, div 여러 개 나열 시에는 세로 나열 구조
세로 값 0
배경 색 없음
보더 값 없음
이는 매우 간단해 보일 지 모르지만 div의 기본 속성으로 많은 작업이 가능하며 소스를 줄일 수 있는 노하우가 되기도 합니다.

이제 디자인과 동일하게 코딩 작업에 들어가 보도록 하겠습니다.

이 책에서는 기본적으로 HTML5 DTD를 사용할 것이며 디자인은 이전에서 언급했듯이 480px 사이즈를 기본으로 작업할 것입니다. 코딩 순서는 디자인 좌측 상단부터 우측 아래로 내려오면서 작업할 것이며 이는 실무에서도 동일한 방법입니다.

이전 장에서 배운 모바일의 기본적인 요소들을 미리 적용시켜 보았습니다.

```html
<!DOCTYPE html>
<html>
<head>
<meta http-equiv="Content-Type" content="text/html; charset=euc-kr" />
<meta name="viewport" content="width=device-width, initial-scale=1.0,
maximum-scale=1.0, minimum-scale=1.0, user-scalable=no, target-
densitydpi=medium-dpi" />
<meta name="apple-mobile-web-app-capable" content="yes">
<meta name="apple-mobile-web-app-status-bar-style" content="black">
<title>Mobile Web - UhB.kr</title>
<!--S : iscorll 영역-->
<script type="text/javascript" src="js/iscroll.js"></script>
<script type="text/javascript">

var myScroll;
function loaded() {
        myScroll = new iScroll('wrapper');
}

document.addEventListener('touchmove', function (e) { e.preventDefault(); },
false);
document.addEventListener('DOMContentLoaded', loaded, false);

</script>
<!--E : iscorll 영역-->
<style type="text/css" >
/* 공통CSS 부분 */
* { padding:0; margin:0; border:0; }
ul, ol, dl { list-style: none; }
img { vertical-align:top; border:0; }
a { text-decoration: none; }
input { -webkit-appearance: none; border: 0; }
body { font-size:1.2em; -webkit-text-size-adjust:none; font-family:helvetica; }
#header, #flicking_wrapper,#wrapper, #footer { min-width: 450px; }
#footer { position:absolute; z-index:2; bottom:0; left:0; width:100%; height:63px;}
```

```
#wrapper { position:absolute; z-index:1; top:210px; bottom:63px; left:0;
width:100%; overflow:auto; }
</style>
<link rel="apple-touch-icon" href="app_icon.png" />
<link rel="apple-touch-startup-image" href="startup.png"/>
</head>

<body>
<!-- S:헤더 영역-->
<div id="header"></div>
<!-- E:헤더 영역-->

<!-- S:플리킹 배너 영역-->
<div id="flicking_wrapper"></div>
<!-- E:플리킹 배너 영역-->

<!-- S:스크롤 영역-->
<div id="wrapper">
  <div id="wrapScroll">
    <!-- S:탭메뉴 영역-->
    <div class="tab"></div>
    <!-- E:탭메뉴 영역-->
  </div>
</div>
<!-- E:스크롤 영역-->

<!-- S:푸터 영역-->
<div id="footer"></div>
<!-- E:푸터 영역-->
</body>
</html>
```

파란색은 이전에 배웠던 기본적인 속성들을 미리 넣어 놨습니다.

디자인에서 탭 메뉴에서 리스트까지 부분만 스크롤이 되고 나머지는 고정이므로 이전 장에서 배웠던 iScroll기능을 미리 넣어 놓습니다.

빨간색은 레이아웃에서 큰 덩어리가 되는 부분입니다.

div 구성을 하면서 CSS(표현언어)로 크기와 색상 등을 잡아 나갈 수도 있지만 이 책의 강의상 한 부분씩 꾸며 나가면서 설명 드리겠습니다. 독자 여러분도 이와 같은 방법으로 연습하시다 보면 나중에는 동시에 CSS를 꾸며 나가실 수 있습니다.

모바일 코딩에서 기본적으로 들어가는 CSS에 대해 알아보도록 하겠습니다.

아래의 소스는 이번 디자인을 코딩 할 때 기본적으로 넣는 소스입니다.

```
<style type="text/css" >
/* 공통CSS 부분 */
* { padding:0; margin:0; border:0; }
ul, ol, dl { list-style: none; }
img { vertical-align:top; border:0; }
a { text-decoration: none; }
input { -webkit-appearance: none; border: 0; }
body { font-size:1.2em; -webkit-text-size-adjust:none; font-family:helvetica; }
#header, #flicking_wrapper,#wrapper, #footer { min-width: 450px; }
#footer { position:absolute; z-index:2; bottom:0; left:0; width:100%; height:63px;}
#wrapper { position:absolute; z-index:1; top:210px; bottom:63px; left:0;
width:100%; overflow:auto; }
</style>
```

* { padding:0; margin:0; border:0; }

별(*) 표시는 모든 태그를 뜻합니다. 곧 모든 태그는 기본적으로 패딩, 마진과 보더 값을 0으로 정해놓고 시작하자는 뜻입니다.

ul, ol, dl { list-style: none; }

리스트 태그인 ul, ol, dl은 기본적으로 블릿이나 숫자들이 각 요소 앞에

붙습니다. 이러한 불필요한 요소들이 나타나지 않도록 list-style을 없애 줍니다.

img { vertical-align:top; border:0; }

이미지 태그의 기본적인 세로 정렬을 top으로 하는 것은 브라우저마다 이미지의 기본 세로 정렬 값이 다르기 때문입니다. 이미지에 링크가 걸릴 시 보더 값이 들어가므로 미리 0으로 설정해 놓습니다.

a { text-decoration: none; }

링크기능이 있는 a태그는 텍스트에 링크가 걸리게 되면 텍스트 하단에 underline이 들어가게 되므로 아무것도 없는 기본 모습으로 하기 위해 데코레이션을 없애 줍니다.

input { -webkit-appearance: none; border: 0; }

-webkit-appearance의 용도는 폼 요소의 기본 스타일을 없애는 것입니다. 아이폰에서 input태그로 입력 창을 제작한 것을 보면 기본 이너쉐도우가 보이게 되는 것을 없애서 사용자가 원하는 디자인을 입힐 수 있도록 도와줍니다.

body { font-size:1.2em; -webkit-text-size-adjust:none; font-family:helvetica; }

사이트마다 기본 폰트를 정하는 것입니다. 이번 사이트는 1.2em을 기본 사이즈로 정하고 헬베티카 폰트로 나올 수 있도록 설정하였습니다. 만약 디바이스에 헬베티카 폰트가 없다면 기본 폰트로 나올 것입니다.

#header, #flicking_wrapper,#wrapper, #footer { min-width: 450px; }

각 큰 덩어리들은 450px이하로 사이즈 조절이 안 되도록 하는 것입니다.

이 사이트는 480px을 기본으로 하는 것이므로 그 이하로 사이즈가 줄게 되면 깨질 확률이 있기 때문입니다.

```
#footer { position:absolute; z-index:2; bottom:0; left:0; width:100%;
height:63px;}
```

이 사이트의 상단과 하단은 고정영역이기 때문에 position으로 위치를 잡아놓고 높이 값을 설정해줍니다.

```
#wrapper { position:absolute; z-index:1; top:210px; bottom:63px; left:0;
width:100%; overflow:auto; }
```

모바일 웹에서 내부 스크롤이 가능한 부분을 설정하기 위한 부분입니다. top값은 상단에 움직이지 않는 부분의 높이 값이며 bottom은 하단에 움직이지 않는 부분의 높이 값입니다.

실무 Tip

코딩에 들어갈 때 모바일의 기본적인 설정을 미리 입력해 두면 보다 쉽고 나중에 오류도 줄일 수 있습니다. 코딩 작업 중 불편해도 주석처리를 하는 버릇을 들이면 공동작업(co-work) 혹은 나중에 자신의 소스를 수정할 때 매우 편리합니다.

주석 : HTML부분 속 소스를 설명하는 비노출성 태그
CSS 내부용 주석 사용법
/* 이 부분은 노출되지 않는 설명 주석 부분입니다. */
HTML 내부용 주석 사용법
<!-- 이 부분은 노출되지 않는 설명 주석 부분입니다. →

예제 미리 보기 http://uhb.kr/6

이번에 제작해 볼 부분은 사이트의 상단으로 디자인의 시작점입니다. 모바일 웹에서는 작은 디바이스의 환경 탓에 HEAD부분이 매우 간략한 편입니다. 검색이 중요하다면 가장 상단에 올라갈 수 있고 대부분은 로고만 표현되는 경우가 많습니다.

아래의 디자인을 보면서 기능상 혹은 의미상으로 박스를 나누는 연습을 해봅시다.

HEAD 부분에서는 모바일 웹의 로고와 검색 창 이렇게 총 두 가지로 구성되어 있습니다. 일단 head부분을 통틀어서 div로 박스를 하나 만들고 그 안에 로고는 h1태그로 구성하며 검색 창은 그 안에 검색박스와 검색버튼이 들어가게 되므로 새로운 div로 박스를 만들어서 넣어둡니다.

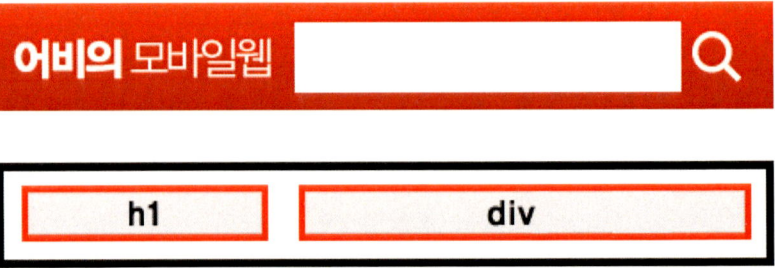

사이트의 로고 부분은 현 사이트의 위치를 알려주는 아주 중요한 것이므로 h1 태그를 이용해서 작업을 합니다. 그리고 검색창의 경우 검색 div 박스를 만들고 그 안의 검색 창은 input 텍스트 창으로 위치시키고 검색버튼은 button 태그로 잡아 놓으면 끝입니다. 하지만 주의하실 점은 검색창의 기본적인 모습을 없애고 커스텀 디자인된 검색 창을 만들어야 한다는 것입니다.

아래에 head에 해당되는 소스를 보면서 알아보도록 하겠습니다.

h1, h2, h3, h4, h5, h6 태그란?

우선 페이지당 〈h1〉 태그는 한번만 사용할 수가 있습니다. 해당 페이지의 핵심 주제를 표시하기 때문에 보통은 그 사이트의 이름에 사용되고 있습니다. 〈h1〉을 제대로 사용한다면, 검색 엔진에 검색이 가능하게도 할 수 있습니다.

h2~h6까지는 페이지 안에서 중요도에 따라서 순위를 사용하면 되며 h2의 2번 사용 등 반복적인 사용도 허용하고 있습니다.

실무에서는 h2~h6 태그들은 웹 접근성에 맞춰가기 위해서 많이 사용하고 있으며 실제 적용되는 디자인 모습에서는 해당 태그의 의미를 찾아보기는 힘들지만 html안에서는 사용해주는 것이 바람직합니다.

보통 h(heading)태그를 안보이기 위해서는 h2 {display:none;}를 사용하여 디자인 뷰에서는 노출이 안 되지만 소스상에 남아 있어서 접근성에 맞추려고 하는 노력이 있습니다.

```css
CSS
#header { height: 65px; background:url(images/bg_header.png) repeat-x; }
#header h1 img { float:left; margin:21px 0 0 12px; }
#header .search { height: 42px; background:#FFF url(images/btn_search.png) right top no-repeat; float:right; width: 55%; max-width: 400px; margin:12px 12px 0 0; padding-left:10px; }
#header .search input.input_search { float:left; height: 30px; margin-top: 7px; width: 80%; font-size:1.3em }
#header .search .btn_search { float:right; width:45px;height:42px;background:url(images/btn_search.png) no-repeat;text-indent:-999em;}
```

```html
HTML
<div id="header">
  <h1><a href="#"><img src="images/logo.png" alt="Nate 스마트 존" /></a></h1>
  <div class="search">
    <input type="text" id="search" class="input_search" />
```

```
    <button type="submit" id="search_submit" class="btn_search">검색</button>
  </div>
</div>
```

#header { height: 65px; background:url(images/bg_header.png) repeat-x; }

head의 박스의 높이 값과 빨간색 그라데이션 부분의 이미지를 배경으로
설정하였습니다. Div는 기본적으로 100%의 가로 값을 가지고 모바일 웹
역시 가로 값은 100%를 해야 하므로 따로 width에 대한 설정은 하지 않
았습니다.

#header h1 img { float:left; margin:21px 0 0 12px; }

박스 안에 이미지나 텍스트를 넣었을 때는 기본적으로 좌측 상단부터
노출되기 시작합니다. 그러면 내가 원하는 곳으로 이미지를 움직여야만
디자인과 동일한 모습이 나옵니다. 이럴 때는 보통 해당 객체에 마진 값
이나 그 객체를 둘러싸고 있는 곳에 패딩을 넣어서 움직이게 됩니다. 이
번의 경우 로고는 h1태그로 감싸져 있고 그 안에는 img태그로 구성되어
있기 때문에 h1 안에 있는 img태그를 지목하여 마진 값으로 원하는 위
치에 맞추었습니다.

#header .search { height: 42px; background:#FFF url(images/btn_search.
png) right top no-repeat; float:right; width: 55%; max-width: 400px;
margin:12px 12px 0 0; padding-left:10px; }

검색 창 div에 대한 설정입니다. 기본적으로 높이 값은 42px로 고정하
고 배경은 디자인처럼 흰색 네모 모양의 이미지를 설정합니다. 그리고 가
로 값은 퍼센트로 설정했습니다. 그 이유는 모바일 웹 자체가 퍼센트로
이뤄지므로 로고를 제외한 나머지 영역에 나오길 원했으며 max-width

값을 400px로 줘서 모바일 웹이 아무리 커져도 55%의 사이즈의 검색 창이 되는 것이 아니라 400px까지만 커지도록 설정한 것입니다. 만약 여러분이 작업하시는 모바일 웹의 검색 창 크기가 계속 같이 크길 원한다면 max-width값은 설정하지 않으셔도 됩니다.

#header .search input.input_search { float:left; height: 30px; margin-top: 7px; width: 80%; font-size:1.3em }

검색창의 경우 input 텍스트 박스를 이용합니다. 이 박스의 높이 값과 가로 값을 설정합니다. 물론 가로 값은 해상도에 따라서 같이 늘어나야 하므로 80%라는 값을 주었습니다. 그리고 검색 창 안에 들어가는 폰트 사이즈 역시 1.3em으로 설정했습니다.

#header .search .btn_search { float:right; width:45px;height:42px;background:url(images/btn_search.png) no-repeat;text-indent:-999em;}

검색 버튼의 경우는 button 태그를 이용해서 사용하고 넓이 값과 높이 값 그리고 배경이미지를 원하는 모양으로 설정합니다. 하지만 문제가 있습니다. button태그를 이용하여 쓰면 〈button type="submit"〉검색〈/button〉 검색이라는 텍스트가 보이게 됩니다. 하지만 이는 text-indent라는 태그를 이용해서 노출이 안 되게 합니다.

text-indent는 문단이 시작할 때 첫 줄의 들여쓰기 값을 지정합니다. 특정 사이즈 em, px이나 %로 크기를 정할 수 있습니다. 이곳에서는 -999em이라는 사이즈로 화면 좌측 안 보이는 곳으로 멀리 보내서 노출이 안 되게 설정한 것입니다. 만약에 CSS가 노출되지 않는다면 검색 버튼 이미지 대신 노출이라는 텍스트가 대신 노출되므로 접근성 측면에서도 문제는 없다고 봅니다.

▶ 완성 소스

```
<!DOCTYPE html>
<html>
<head>
<meta http-equiv="Content-Type" content="text/html; charset=euc-kr" />
<meta name="viewport" content="width=480, initial-scale=1.0, maximum-
scale=0.67, minimum-scale=0.67, user-scalable=no, target-densitydpi=high-
dpi" />
<meta name="apple-mobile-web-app-capable" content="yes">
<meta name="apple-mobile-web-app-status-bar-style" content="black">
<title>Mobile Web - UhB.kr</title>
<!--S : iscorll 영역-->
<script type="text/javascript" src="js/iscroll.js"></script>
<script type="text/javascript">

var myScroll;
function loaded() {
        myScroll = new iScroll('wrapper');
}

document.addEventListener('touchmove', function (e) { e.preventDefault(); },
false);
document.addEventListener('DOMContentLoaded', loaded, false);

</script>
<!--E : iscorll 영역-->

<style type="text/css" >
/* 공통CSS 부분 */
* { padding:0; margin:0; border:0; }
ul, ol, dl { list-style: none; }
img { vertical-align:top; border:0; }
a { text-decoration: none; }
input { -webkit-appearance: none; border: 0; }
body { font-size:1.2em; -webkit-text-size-adjust:none; font-family:helvetica; }
#header, #flicking_wrapper,#wrapper, #footer { min-width: 450px; }
```

```css
#footer { position:absolute; z-index:2; bottom:0; left:0; width:100%; height:63px;}
#wrapper { position:absolute; z-index:1; top:210px; bottom:63px; left:0;
width:100%; overflow:auto; }

/* 헤더 영역*/
#header { height: 65px; background:url(images/bg_header.png) repeat-x; }
#header h1 img { float:left; margin:21px 0 0 12px; }
#header .search { height: 42px; background:#FFF url(images/btn_search.png)
right top no-repeat; float:right; width: 55%; max-width: 400px; margin:12px
12px 0 0; padding-left:10px; }
#header .search input.input_search { float:left; height: 30px; margin-top: 7px;
width: 80%; font-size:1.3em }
#header .search .btn_search { float:right; width:45px;height:42px;background:
url(images/btn_search.png) no-repeat;text-indent:-999em;}
</style>
<link rel="apple-touch-icon" href="app_icon.png" />
<link rel="apple-touch-startup-image" href="startup.png"/>
</head>

<body>
<!-- S:헤더 영역-->
<div id="header">
  <h1><a href="#"><img src="images/logo.png" alt="Nate 스마트존" /></a></h1>
  <div class="search">
    <input type="text" id="search" class="input_search" />
    <button type="submit" id="search_submit" class="btn_search">검색</button>
  </div>
</div>
<!-- E:헤더 영역-->

<!-- S:플리킹 배너 영역-->
<div id="flicking_wrapper"></div>

<!-- E:플리킹 배너 영역-->

<!-- S:스크롤 영역-->
<div id="wrapper">
```

```
<div id="wrapScroll">
  <!-- S:탭메뉴 영역-->
  <div class="tab"></div>
  <!-- E:탭메뉴 영역-->
 </div>
</div>
<!-- E:스크롤 영역-->

<!-- S:푸터 영역-->
<div id="footer"></div>
<!-- E:푸터 영역-->
</body>
</html>
```

03 플리킹 배너 만들기

예제 미리 보기 http://uhb.kr/7

스마트폰이 대중화되면서 인터넷을 즐기는 방법에 다양한 UX가 생겨났습니다. 그 중에 가장 대표적으로는 터치를 이용한 모션입니다. 손끝 혹은 스마트 펜을 이용한 클릭 혹은 확대 축소 등 다양한 기술과 방법이 있습니다.

이번에는 배너나 미리 보기에서 많이 사용되고 있는 스크롤입니다. 보통 모바일에서는 스크롤이라는 것보다는 플리킹이라는 표현을 많이 사용하고 있습니다. 가로 혹은 세로로 원하는 부분만 넘길 수가 있습니다.

아래의 디자인을 보면 배너영역이 있고 그 아래는 동그란 점으로 되어있는 인디케이터가 있습니다.

---

div

ul,li

디자인 자체는 매우 단순합니다. 배너와 인디케이터만 존재하므로 소스 역시 간단하게 표현될 수 있습니다.

기본적으로는 배너가 3개가 있는데 가로 플리킹으로 넘겨볼 수 있다고 생각하므로 총 3칸이 존재하고 한 칸씩 노출된다는 전제 하에 접근하는 것입니다.

여러 장의 리스트를 넘겨 보려면 ul li가 정답입니다. 각 li에 원하는 영역을 설정하고 그 li가 가로로 넘어가면서 구현된다고 보는 것입니다.

그리고 아래에 있는 인디케이터 역시 가로로 되어있는 칸이므로 ul과 li를 이용해서 설정합니다.

플리킹 기능은 단순 코딩만으로는 구현할 수 없으므로 jQuery를 사용합니다.

가로 플리킹의 경우 공개되어 있는 소스가 여러 종류 있으며 대부분 아이폰과 안드로이드폰에 적용됩니다. 필자가 사용한 소스 역시 jQuery사이트에서 받은 것으로 다른 소스보다는 아이폰과 안드로이드폰에서 사용성이 좋으므로 선택하였습니다.

자세한 것은 아래 소스를 보면서 설명하겠습니다.

```
CSS
<!--S : 플리킹 영역-->
<script class="jsbin" src="js/jquery.min.js"></script>
<script>
$(document).ready(function() {
  var iscroll = new iScroll('flicking_wrapper', {
    snap: 'li',
    momentum: false,
    hScrollbar: false,
    vScrollbar: false,
    onScrollEnd: function() {
      $('#indicator li').each(function(i, node) {
        if(i === iscroll.currPageX) {
          $(node).addClass('active');
        } else {
          $(node).removeClass('active');
        }
      });
    }
  });
  iscroll.scrollToPage(0);
});
</script>
<!--E : 플리킹 영역-->

/* 플리킹 배너 영역*/
#flicking_wrapper { width:480px;/*=page_width*/ height:124px;/*=page_height*/ margin:0; padding:0; overflow:hidden; background-color:#fff; margin:0 auto; clear:both; }
```

```css
#flicking_wrapScroll { position:relative; top:0; left:0; width:1440px;/*=number_
of_page
page_width*/ height:124px; float:left; }
#flicking_wrapScroll ul { list-style:none; position:relative; display:block;
margin:0; padding:0; top:0; left:0; width:100%; height:100%; }
#flicking_wrapScroll li { display:block; float:left; width:480px; height:124px; }
#indicator { margin:6px auto; width:57px; }
#indicator li { width:9px; height:9px; margin-right:10px; float:left; background:url
(images/slider_off.png) no-repeat; }
#indicator li.active { background:url(images/slider_on.png) no-repeat; }
#indicator li span { display:none; }
/* 플리킹 배너 이미지 주소 영역 */
#flicking_wrapScroll li:nth-child(1) { background:url(images/bn_main_01.png)
no-repeat; }
#flicking_wrapScroll li:nth-child(2) { background:url(images/bn_main_02.png)
no-repeat; }
#flicking_wrapScroll li:nth-child(3) { background:url(images/bn_main_03.png)
no-repeat; }


HTML
<div id="flicking_wrapper">
  <div id="flicking_wrapScroll">
   <ul>
    <li>
      <div></div>
    </li>
    <li>
      <div></div>
    </li>
    <li>
      <div></div>
    </li>
   </ul>
  </div>
</div>
<div id="indicator">
  <ul>
   <li><span>1</span></li>
```

```
    <li><span>2</span></li>
    <li><span>3</span></li>
  </ul>
</div>
```

스크립트의 영역은 위 소스 그대로 복사해서 사용하시면 됩니다. 주의하실 점은 붉은색으로 되어 있는 flicking_wrapper라는 이름과 내가 원하는 영역의 div id 값을 일치시켜야 한다는 것입니다.

#flicking_wrapper { width:480px;/*=page_width*/ height:124px;/*=page_height*/ margin:0; padding:0; overflow:hidden; background-color:#fff; margin:0 auto; clear:both; }

원본 소스 제공 사이트에서 받은 CSS 그대로입니다. width값은 페이지 넓이를 뜻하고 높이 값은 페이지의 높이 값을 말합니다. 물론 전체 페이지가 아니라 플리킹을 원하는 영역의 넓이와 높이 값입니다.

#flicking_wrapScroll { position:relative; top:0; left:0; width:1440px;/*=number_of_page
page_width*/ height:124px; float:left; }

배너 3개에 대한 전체 가로 값을 설정해 놓는 곳입니다. 배너가 추가될 때마다 width값을 수정해 줘야 합니다. 쉽게 생각하면 가로가 긴 박스가 있고 내가 원하는 부분만 노출시킨다는 개념입니다.

#flicking_wrapScroll ul { list-style:none; position:relative; display:block; margin:0; padding:0; top:0; left:0; width:100%; height:100%; }

이미지들이 들어가는 ul부분의 가로 세로를 100%로 설정합니다.

#flicking_wrapScroll li { display:block; float:left; width:480px; height:124px; }
각 li에는 플리킹 배너 이미지들이 들어가게 되므로 정확한 사이즈를 설정해 놓습니다. 그 이후는 배너 이미지를 배경으로 설정할 것이기 때문입니다.

#indicator { margin:6px auto; width:57px; }
인디케이터의 경우 가운데 정렬이므로 마진 값을 0 auto로 설정해서 가운데로 설정합니다.

#indicator li { width:9px; height:9px; margin-right:10px; float:left; background:url(images/slider_off.png) no-repeat; }
인디케이터의 기본적인 비활성화되어 있는 디자인을 배경으로 설정합니다.

#indicator li.active { background:url(images/slider_on.png) no-repeat; }
Active는 활성화되었을 때의 이미지를 설정하는 것입니다.

#indicator li span { display:none; }
인디케이터에 span태그를 이용하여 CSS가 없더라고 보일 수 있도록 설정하였습니다. 하지만 디자인이 되어 있는 현재 모습에서는 노출 자체가 필요 없기 때문에 display:none으로 설정합니다.

/* 플리킹 배너 이미지 주소 영역 */
#flicking_wrapScroll li:nth-child(1) { background:url(images/bn_main_01.png) no-repeat; }
#flicking_wrapScroll li:nth-child(2) { background:url(images/bn_main_02.png) no-repeat; }
#flicking_wrapScroll li:nth-child(3) { background:url(images/bn_main_03.

플리킹 배너 이미지의 경우는 CSS :nth-child라는 것으로 설정을 하였습니다. nth-child는 순차적 자식 선택자라는 것으로 자식선택자 중 li혹은 table의 tr태그 등에 사용됩니다.

▶ 완성 소스

```
<!DOCTYPE html>
<html>
<head>
<meta http-equiv="Content-Type" content="text/html; charset=euc-kr" />
<meta name="viewport" content="width=480, initial-scale=1.0, maximum-scale=0.67, minimum-scale=0.67, user-scalable=no, target-densitydpi=high-dpi" />
<meta name="apple-mobile-web-app-capable" content="yes">
<meta name="apple-mobile-web-app-status-bar-style" content="black">
<title>Mobile Web - UhB.kr</title>
<!--S : iscorll 영역-->
<script type="text/javascript" src="js/iscroll.js"></script>
<script type="text/javascript">

var myScroll;
function loaded() {
        myScroll = new iScroll('wrapper');
}

document.addEventListener('touchmove', function (e) { e.preventDefault(); },
false);
document.addEventListener('DOMContentLoaded', loaded, false);

</script>
<!--E : iscorll 영역-->
<!--S : 플리킹 영역-->
<script class="jsbin" src="js/jquery.min.js"></script>
<script>
```

```javascript
$(document).ready(function() {
  var iscroll = new iScroll('flicking_wrapper', {
    snap: 'li',
    momentum: false,
    hScrollbar: false,
    vScrollbar: false,
    onScrollEnd: function() {
      $('#indicator li').each(function(i, node) {
        if(i === iscroll.currPageX) {
          $(node).addClass('active');
        } else {
          $(node).removeClass('active');
        }
      });
    }
  });
  iscroll.scrollToPage(0);
});
</script>
<!--E : 플리킹 영역-->

<style type="text/css" >
/* 공통CSS 부분 */
* { padding:0; margin:0; border:0; }
ul, ol, dl { list-style: none; }
img { vertical-align:top; border:0; }
a { text-decoration: none; }
input { -webkit-appearance: none; border: 0; }
body { font-size:1.2em; -webkit-text-size-adjust:none; font-family:helvetica; }
#header, #flicking_wrapper,#wrapper, #footer { min-width: 450px; }
#footer { position:absolute; z-index:2; bottom:0; left:0; width:100%; height:63px;}
#wrapper { position:absolute; z-index:1; top:210px; bottom:63px; left:0;
width:100%; overflow:auto; }

/* 헤더 영역*/
#header { height: 65px; background:url(images/bg_header.png) repeat-x; }
#header h1 img { float:left; margin:21px 0 0 12px; }
```

```
#header .search { height: 42px; background:#FFF url(images/btn_search.png)
right top no-repeat; float:right; width: 55%; max-width: 400px; margin:12px
12px 0 0; padding-left:10px; }
#header .search input.input_search { float:left; height: 30px; margin-top: 7px;
width: 80%; font-size:1.3em }
#header .search .btn_search { float:right; width:45px;height:42px;background:
url(images/btn_search.png) no-repeat;text-indent:-999em;}
/* 플리킹 배너 영역*/
#flicking_wrapper { width:480px;/*=page_width*/ height:124px;/*=page_height*/
margin:0; padding:0; overflow:hidden; background-color:#fff; margin:0 auto;
clear:both; }
#flicking_wrapScroll { position:relative; top:0; left:0; width:1440px;/*=number_
of_page*page_width*/ height:124px; float:left; }
#flicking_wrapScroll ul { list-style:none; position:relative; display:block;
margin:0; padding:0; top:0; left:0; width:100%; height:100%; }
#flicking_wrapScroll li { display:block; float:left; width:480px; height:124px; }
#indicator { margin:6px auto; width:57px; }
#indicator li { width:9px; height:9px; margin-right:10px; float:left;
background:url(images/slider_off.png) no-repeat; }
#indicator li.active { background:url(images/slider_on.png) no-repeat; }
#indicator li span { display:none; }
/* 플리킹 배너 이미지 주소 영역 */
#flicking_wrapScroll li:nth-child(1) { background:url(images/bn_main_01.png)
no-repeat; }
#flicking_wrapScroll li:nth-child(2) { background:url(images/bn_main_02.png)
no-repeat; }
#flicking_wrapScroll li:nth-child(3) { background:url(images/bn_main_03.png)
no-repeat; }
</style>
<link rel="apple-touch-icon" href="app_icon.png" />
<link rel="apple-touch-startup-image" href="startup.png"/>
</head>

<body>
<!-- S:헤더 영역-->
<div id="header">
  <h1><a href="#"><img src="images/logo.png" alt="Nate 스마트존" /></a></h1>
```

```html
  <div class="search">
    <input type="text" id="search" class="input_search" />
    <button type="submit" id="search_submit" class="btn_search">검색</button>
  </div>
</div>
<!-- E:헤더 영역-->

<!-- S:플리킹 배너 영역-->
<div id="flicking_wrapper">
  <div id="flicking_wrapScroll">
    <ul>
      <li>
        <div></div>
      </li>
      <li>
        <div></div>
      </li>
      <li>
        <div></div>
      </li>
    </ul>
  </div>
</div>
<div id="indicator">
  <ul>
    <li><span>1</span></li>
    <li><span>2</span></li>
    <li><span>3</span></li>
  </ul>
</div>
<!-- E:플리킹 배너 영역-->
<!-- S:스크롤 영역-->
<div id="wrapper">
  <div id="wrapScroll">
    <!-- S:탭메뉴 영역-->
    <div class="tab"></div>
    <!-- E:탭메뉴 영역-->
```

```
  </div>
 </div>
<!-- E:스크롤 영역-->

<!-- S:푸터 영역-->
<div id="footer"></div>
<!-- E:푸터 영역-->
</body>
</html>
```

04 탭 메뉴 만들기

예제 미리 보기 http://uhb.kr/8

모바일에서 탭의 경우 대부분이 가로 값을 전부 사용하는 100% 디자인입니다.

각 탭마다 똑같이 가로 값이 정해져서 전체가 100%가 되면 됩니다. 그러므로 탭이 4개면 25%씩 2개면 50%씩 사용되며 나눗셈이 되지 않을 때는 일단 비슷하게 나눈 후 설정합니다. 예를 들어 3개인 경우처럼 33%씩 3개를 갖게 되면 1%가 남게 되므로 이것은 활성화되어 있는 탭에 1%를 추가해서 사용합니다.

New   BEST   Q&A

ul,li

탭의 경우 전부 ul과 li를 이용해서 하는 것이 편합니다. Ul과 li의 경우 원래 Undefine List라는 것으로 정의되어 있지 않는 리스트를 할 때 사용되지만 실무에서는 메뉴나 탭처럼 가로, 세로 나열인 객체에서도 사용됩니다.

아래 소스를 보면서 탭 부분을 알아보도록 하겠습니다.

```
CSS
.tab { height: 53px; background: url(images/bg_tab.png) left top repeat-x;
width:100%; }
.tab ul li { width: 33%; float: left; text-align: center; position: relative; }
.tab ul li a { display: block; }
.tab ul li a span { color:#8d8d8d; font-size: 1.4em; display: block; height: 40px;
padding-top: 11px; background: url(images/tab_slice.png) right top no-repeat; }
.tab ul li.tab03 a span { background: none; }
.tab ul li.on { background:#4c4c4c; width: 34%; }
.tab ul li.on a { background: url(images/tab_on_l.png) left top no-repeat; }
.tab ul li.on a span { background: url(images/tab_on_r.png) right top no-repeat;
color: #FFF; }

HTML
<div class="tab">
    <ul>
      <li class="tab01 on"><a href="#"><span>New</span></a></li>
      <li class="tab02"><a href="#"><span>BEST</span></a></li>
      <li class="tab03"><a href="#"><span>Q&amp;A</span></a></li>
    </ul>
  </div>
```

.tab { height: 53px; background: url(images/bg_tab.png) left top repeat-x;
width:100%; }

탭을 이루고 있는 영역을 div로 만들고 그 안에는 탭의 기본적인 배경을 설정합니다. 예제의 디자인처럼 하단에 회색 라인이 하나만 단조롭게 있는 경우에만 가능합니다. 복잡할 경우 각 탭에 따로 설정해야 하는 것이 맞는 방법입니다.

`.tab ul li { width: 33%; float: left; text-align: center; position: relative; }`
탭의 크기를 33%로 설정하고 텍스트 정렬을 해줍니다.

`.tab ul li a { display: block; }`
a태그 즉, 링크태그의 경우 크기를 지닐 수 없지만 display:block을 하게
되면 div처럼 가로 값은 기본적으로 100%가 되면서 원하는 모양대로 설
정할 수 있습니다.

`.tab ul li a span { color:#8d8d8d; font-size: 1.4em; display: block; height:`
`40px; padding-top: 11px; background: url(images/tab_slice.png) right top`
`no-repeat; }`
span태그는 각 탭에 들어가는 텍스트를 표현하기 위해서 설정되었으며
각 탭의 중간에 있는 슬라이스 바의 배경 디자인을 설정하기 위해서 사
용되었습니다.

`.tab ul li.tab03 a span { background: none; }`
위에서 탭 사이에 있는 슬라이스 바 모양을 탭의 우측에 노출되도록 설
정하였으므로 가장 오른쪽에도 배경이 노출될 것입니다. 그렇게 되면 디
자인과 다르기 때문에 마지막에는 따로 지정을 해서 배경을 노출시키지
않습니다. 반복적인 배경 설정을 마지막에 다르게 하는 방법은 또 있으
나 그것은 푸터 메뉴 배우는 곳에서 다시 설명하겠습니다.

`.tab ul li.on { background:#4c4c4c; width: 34%; }`
li.on 은 활성화가 되는 부분을 설정합니다. 이곳은 34%로 설정을 하여

li를 33% 3개로 나눴을 때 남았던 1%를 채워줍니다. 배경 역시 활성화되어 있는 곳은 다르므로 다른 이미지로 설정해줍니다.

.tab ul li.on a { background: url(images/tab_on_l.png) left top no-repeat; }
a태그에 대한 설정입니다. 탭의 디자인에 따라 다를 수도 있으나 현 디자인의 경우 좌우가 둥근 스타일의 네모이므로 왼쪽의 둥근 부분만 잘라서 배경을 설정하는 것입니다.

.tab ul li.on a span { background: url(images/tab_on_r.png) right top no-repeat; color: #FFF; }
span태그는 탭의 디자인 오른쪽 둥근 부분과 폰트 색상을 설정합니다.

실무 Tip

> 예시의 디자인의 경우 탭 메뉴 디자인이 활성화되어 있는 것만 있고 비활성화되어 있는 것은 없습니다.
> 비활성화가 되어 있는 디자인이 있다면 현재 CSS에서 .tab ul li.on a에 설정한 것처럼 .tab ul li a에도 배경 설정을 하면 비활성화되어 있는 기본적인 탭에도 배경을 설정할 수 있습니다.

▶ 완성 소스

```
<!DOCTYPE html>
<html>
<head>
<meta http-equiv="Content-Type" content="text/html; charset=euc-kr" />
<meta name="viewport" content="width=480, initial-scale=1.0, maximum-scale=0.67, minimum-scale=0.67, user-scalable=no, target-densitydpi=high-dpi" />
<meta name="apple-mobile-web-app-capable" content="yes">
<meta name="apple-mobile-web-app-status-bar-style" content="black">
<title>Mobile Web - UhB.kr</title>
<!--S : iscorll 영역-->
<script type="text/javascript" src="js/iscroll.js"></script>
```

```
<script type="text/javascript">

var myScroll;
function loaded() {
        myScroll = new iScroll('wrapper');
}

document.addEventListener('touchmove', function (e) { e.preventDefault(); },
false);
document.addEventListener('DOMContentLoaded', loaded, false);

</script>
<!--E : iscorll 영역-->
<!--S : 플리킹 영역-->
<script class="jsbin" src="js/jquery.min.js"></script>
<script>
$(document).ready(function() {
  var iscroll = new iScroll('flicking_wrapper', {
    snap: 'li',
    momentum: false,
    hScrollbar: false,
    vScrollbar: false,
    onScrollEnd: function() {
      $('#indicator li').each(function(i, node) {
        if(i === iscroll.currPageX) {
          $(node).addClass('active');
        } else {
          $(node).removeClass('active');
        }
      });
    }
  });
  iscroll.scrollToPage(0);
});
</script>
<!--E : 플리킹 영역-->
```

```
<style type="text/css" >
/* 공통CSS 부분 */
* { padding:0; margin:0; border:0; }
ul, ol, dl { list-style: none; }
img { vertical-align:top; border:0; }
a { text-decoration: none; }
input { -webkit-appearance: none; border: 0; }
body { font-size:1.2em; -webkit-text-size-adjust:none; font-family:helvetica; }
#header, #flicking_wrapper,#wrapper, #footer { min-width: 450px; }
#footer { position:absolute; z-index:2; bottom:0; left:0; width:100%; height:63px;}
#wrapper { position:absolute; z-index:1; top:210px; bottom:63px; left:0;
width:100%; overflow:auto; }

/* 헤더 영역*/
#header { height: 65px; background:url(images/bg_header.png) repeat-x; }
#header h1 img { float:left; margin:21px 0 0 12px; }
#header .search { height: 42px; background:#FFF url(images/btn_search.png)
right top no-repeat; float:right; width: 55%; max-width: 400px; margin:12px 12px
0 0; padding-left:10px; }
#header .search input.input_search { float:left; height: 30px; margin-top: 7px;
width: 80%; font-size:1.3em }
#header .search .btn_search { float:right; width:45px;height:42px;background:
url(images/btn_search.png) no-repeat;text-indent:-999em;}
/* 풀라킹 배너 영역*/
#flicking_wrapper { width:480px;/*=page_width*/ height:124px;/*=page_height*/
margin:0; padding:0; overflow:hidden; background-color:#fff; margin:0 auto;
clear:both; }
#flicking_wrapScroll { position:relative; top:0; left:0; width:1440px;/*=number_of_
page*page_width*/ height:124px; float:left; }
#flicking_wrapScroll ul { list-style:none; position:relative; display:block; margin:0;
padding:0; top:0; left:0; width:100%; height:100%; }
#flicking_wrapScroll li { display:block; float:left; width:480px; height:124px; }
#indicator { margin:6px auto; width:57px; }
#indicator li { width:9px; height:9px; margin-right:10px; float:left; background:
url(images/slider_off.png) no-repeat; }
#indicator li.active { background:url(images/slider_on.png) no-repeat; }
#indicator li span { display:none; }
```

```css
/* 플리킹 배너 이미지 주소 영역 */
#flicking_wrapScroll li:nth-child(1) { background:url(images/bn_main_01.png)
no-repeat; }
#flicking_wrapScroll li:nth-child(2) { background:url(images/bn_main_02.png)
no-repeat; }
#flicking_wrapScroll li:nth-child(3) { background:url(images/bn_main_03.png)
no-repeat; }
/* 탭메뉴 영역 */
.tab { height: 53px; background: url(images/bg_tab.png) left top repeat-x;
width:100%; }
.tab ul li { width: 33%; float: left; text-align: center; position: relative; }
.tab ul li a { display: block; }
.tab ul li a span { color:#8d8d8d; font-size: 1.4em; display: block; height: 40px;
padding-top: 11px; background: url(images/tab_slice.png) right top no-repeat; }
.tab ul li.tab03 a span { background: none; }
.tab ul li.on { background:#4c4c4c; width: 34%; }
.tab ul li.on a { background: url(images/tab_on_l.png) left top no-repeat; }
.tab ul li.on a span { background: url(images/tab_on_r.png) right top no-repeat;
color: #FFF; }
</style>
<link rel="apple-touch-icon" href="app_icon.png" />
<link rel="apple-touch-startup-image" href="startup.png"/>
</head>

<body>
<!-- S:헤더 영역-->
<div id="header">
  <h1><a href="#"><img src="images/logo.png" alt="Nate 스마트존" /></a></h1>
  <div class="search">
    <input type="text" id="search" class="input_search" />
    <button type="submit" id="search_submit" class="btn_search">검색</button>
  </div>
</div>
<!-- E:헤더 영역-->

<!-- S:플리킹 배너 영역-->
<div id="flicking_wrapper">
```

```html
<div id="flicking_wrapScroll">
  <ul>
    <li>
      <div></div>
    </li>
    <li>
      <div></div>
    </li>
    <li>
      <div></div>
    </li>
  </ul>
</div>
</div>
<div id="indicator">
  <ul>
    <li><span>1</span></li>
    <li><span>2</span></li>
    <li><span>3</span></li>
  </ul>
</div>
<!-- E:플리킹 배너 영역-->
<!-- S:스크롤 영역-->
<div id="wrapper">
  <div id="wrapScroll">
    <!-- S:탭메뉴 영역-->
    <div class="tab">
      <ul>
        <li class="tab01 on"><a href="#"><span>New</span></a></li>
        <li class="tab02"><a href="#"><span>BEST</span></a></li>
        <li class="tab03"><a href="#"><span>Q&amp;A</span></a></li>
      </ul>
    </div>
    <!-- E:탭메뉴 영역-->
  </div>
</div>
<!-- E:스크롤 영역-->
```

```
<!-- S:푸터 영역-->
<div id="footer"></div>
<!-- E:푸터 영역-->
</body>
</html>
```

05 썸네일 리스트 만들기

예제 미리 보기 http://uhb.kr/9

　　모바일 웹에서 리스트를 표현하는 방법은 대부분 비슷한 모양을 가지고 있습니다. 단순 제목만 나열되는 방법, 썸네일만 나열되는 방법, 그리고 아래의 예제처럼 아이콘과 제목 등 정보가 함께 나오는 스타일이 있습니다.

　　아래와 같은 굉장히 평범하지만 코딩 하기에는 복잡해 보이는 리스트를 표현할 때는 과연 어떻게 하면 될까요? 너무 복잡하게 생각하지 않으셔도 됩니다.

리스트는 계속적인 반복이므로 한 개의 칸만 정확히 코딩을 한다면 나머지 부분을 개발 쪽에서 반복으로 돌리면 됩니다. 그러면 그 구성을 더 살펴보겠습니다.

일단 왼쪽에는 단순 썸네일이 나오고 그 옆은 제목과 이름 그리고 날짜가 위치합니다. 가장 우측에는 바로 갈 수 있는 화살표 아이콘이 있습니다.

관련 태그는 세 가지로, 썸네일은 p태그로 묶고 제목과 정보는 dl, dt, dd를 이용해서 묶으며 아이콘은 span태그로 구성합니다.

dl(Define List)의 경우 정의되어 있는 리스트를 표현할 때 사용합니다. 예제의 리스트처럼 리스트가 나열되는데 그 리스트의 제목(주제)이 있는 경우 많이 사용합니다.

CSS는 아래 소스를 보면서 배워보겠습니다.

```
CSS
#thelist { width:100%; }
#thelist li { padding:10px; height:86px; line-height:32px; border-bottom:1px
solid #ccc; border-top:1px solid #fff; background-color:#fafafa; font-size:14px;
position:relative; }
#thelist p { float:left; }
#thelist dl { float:left; margin-left:10px; }
#thelist dt { font-size:1.5em; margin-top:10px; }
span.date { color:#999999; display:block; }
a.more { position: absolute; right: 0; text-align: right; width: 55px; height: 45px;
padding-right: 4%; margin-top: 30px; }

HTML
<ul id="thelist">
    <li>
    <p class="img"><img src="images/thumb_01.png" alt="썸네일 리스트" /></p>
```

```
    <dl>
     <dt>모바일 웹 시장의 주역</dt>
     <dd>
      <p class="title">송태민</p>
      <span class="date">2012.05.02</span> </dd>
    </dl>
    <a href="#" class="more"><img src="images/arrow.png" alt="바로가기" /></a>
</li>
</ul>
```

#thelist { width:100%; }

리스트의 가로 값은 100%를 유지한 상태에서 진행시킵니다.

#thelist li { padding:10px; height:86px; line-height:32px; border-bottom:1px solid #ccc; border-top:1px solid #fff; background-color:#fafafa; font-size:14px; position:relative; }

리스트들은 각 li마다 들어가 있으므로 개발자들이 li를 반복적으로 돌릴 것입니다. 그리므로 해당되는 li에 대한 높이, 배경 색 등을 설정해 줍니다.

#thelist p { float:left; }

썸네일이 들어갈 p태그는 li에서 좌측에 위치하므로 float:left로 위치를 잡아줍니다.

#thelist dl { float:left; margin-left:10px; }

dl은 dt, dd의 상위가 되는 그룹화 태그이므로 리스트 그룹의 위치를 설정해줍니다. Float:left를 하여 썸네일 다음에 바로 나올 수 있도록 설정합니다.

#thelist dt { font-size:1.5em; margin-top:10px; }

dt는 리스트의 타이틀이자 예제에서는 제목이 됩니다. 폰트 사이즈와 위치를 설정해줍니다.

span.date { color:#999999; display:block; }

날짜 부분은 색상이 다르므로 컬러 값을 설정해주며 display:block을 하여 이름과 간격을 떨어질 수 있도록 해줍니다.

a.more { position: absolute; right: 0; text-align: right; width: 55px; height: 45px; padding-right: 4%; margin-top: 30px; }

화살표는 span태그로 묶어도 되지만 분명히 이 아이콘은 링크가 걸리는 버튼이란 점에서 굳이 한번 더 포장할 필요가 있을까 생각했습니다. 그러므로 a태그로 작업을 하고 이에 대한 설정을 해줍니다. 이 화살표의 경우 우측에서 세로 중앙정렬의 위치입니다. 웹 표준에서 세로 중앙정렬이 가능한 경우는 부모가 position:relative, 자식이 position:absolute일 경우입니다. 현재 a태그에 position:absolute가 적용되어 있으며 이 a태그를 감싸고 있는 li에는 position:relative가 설정되어 있습니다.

▶ 전체 소스

```
<!DOCTYPE html>
<html>
<head>
<meta http-equiv="Content-Type" content="text/html; charset=euc-kr" />
<meta name="viewport" content="width=480, initial-scale=1.0, maximum-scale=0.67, minimum-scale=0.67, user-scalable=no, target-densitydpi=high-dpi" />
<meta name="apple-mobile-web-app-capable" content="yes">
<meta name="apple-mobile-web-app-status-bar-style" content="black">
<title>Mobile Web - UhB.kr</title>
```

```html
<!--S : iscorll 영역-->
<script type="text/javascript" src="js/iscroll.js"></script>
<script type="text/javascript">

var myScroll;
function loaded() {
        myScroll = new iScroll('wrapper');
}

document.addEventListener('touchmove', function (e) { e.preventDefault(); },
false);
document.addEventListener('DOMContentLoaded', loaded, false);

</script>
<!--E : iscorll 영역-->
<!--S : 플리킹 영역-->
<script class="jsbin" src="js/jquery.min.js"></script>
<script>
$(document).ready(function() {
  var iscroll = new iScroll('flicking_wrapper', {
    snap: 'li',
    momentum: false,
    hScrollbar: false,
    vScrollbar: false,
    onScrollEnd: function() {
      $('#indicator li').each(function(i, node) {
        if(i === iscroll.currPageX) {
          $(node).addClass('active');
        } else {
          $(node).removeClass('active');
        }
      });
    }
  });
  iscroll.scrollToPage(0);
});
</script>
```

```
<!--E : 플리킹 영역-->

<style type="text/css" >
/* 공통CSS 부분 */
* { padding:0; margin:0; border:0; }
ul, ol, dl { list-style: none; }
img { vertical-align:top; border:0; }
a { text-decoration: none; }
input { -webkit-appearance: none; border: 0; }
body { font-size:1.2em; -webkit-text-size-adjust:none; font-family:helvetica; }
#header, #flicking_wrapper,#wrapper, #footer { min-width: 450px; }
#footer { position:absolute; z-index:2; bottom:0; left:0; width:100%; height:63px;}
#wrapper { position:absolute; z-index:1; top:210px; bottom:63px; left:0; width:
100%; overflow:auto; }


/* 헤더 영역*/
#header { height: 65px; background:url(images/bg_header.png) repeat-x; }
#header h1 img { float:left; margin:21px 0 0 12px; }
#header .search { height: 42px; background:#FFF url(images/btn_search.png)
right top no-repeat; float:right; width: 55%; max-width: 400px; margin:12px
12px 0 0; padding-left:10px; }
#header .search input.input_search { float:left; height: 30px; margin-top: 7px;
width: 80%; font-size:1.3em }
#header .search .btn_search { float:right; width:45px;height:42px;background:
url(images/btn_search.png) no-repeat;text-indent:-999em;}
/* 플리킹 배너 영역*/
#flicking_wrapper { width:480px;/*=page_width*/ height:124px;/*=page_
height*/ margin:0; padding:0; overflow:hidden; background-color:#fff; margin:0
auto; clear:both; }
#flicking_wrapScroll { position:relative; top:0; left:0; width:1440px;/*=number_
of_page*page_width*/ height:124px; float:left; }
#flicking_wrapScroll ul { list-style:none; position:relative; display:block; margin:0;
padding:0; top:0; left:0; width:100%; height:100%; }
#flicking_wrapScroll li { display:block; float:left; width:480px; height:124px; }
#indicator { margin:6px auto; width:57px; }
#indicator li { width:9px; height:9px; margin-right:10px; float:left; background:
url(images/slider_off.png) no-repeat; }
```

```
#indicator li.active { background:url(images/slider_on.png) no-repeat; }
#indicator li span { display:none; }
/* 플리킹 배너 이미지 주소 영역 */
#flicking_wrapScroll li:nth-child(1) { background:url(images/bn_main_01.png)
no-repeat; }
#flicking_wrapScroll li:nth-child(2) { background:url(images/bn_main_02.png)
no-repeat; }
#flicking_wrapScroll li:nth-child(3) { background:url(images/bn_main_03.png)
no-repeat; }
/* 탭메뉴 영역 */
.tab { height: 53px; background: url(images/bg_tab.png) left top repeat-x;
width:100%; }
.tab ul li { width: 33%; float: left; text-align: center; position: relative; }
.tab ul li a { display: block; }
.tab ul li a span { color:#8d8d8d; font-size: 1.4em; display: block; height: 40px;
padding-top: 11px; background: url(images/tab_slice.png) right top no-repeat; }
.tab ul li.tab03 a span { background: none; }
.tab ul li.on { background:#4c4c4c; width: 34%; }
.tab ul li.on a { background: url(images/tab_on_l.png) left top no-repeat; }
.tab ul li.on a span { background: url(images/tab_on_r.png) right top no-repeat;
color: #FFF; }
/* 썸네일 리스트 영역 */
#thelist { width:100%; }
#thelist li { padding:10px; height:86px; line-height:32px; border-bottom:1px
solid #ccc; border-top:1px solid #fff; background-color:#fafafa; font-
size:14px; position:relative; }
#thelist p { float:left; }
#thelist dl { float:left; margin-left:10px; }
#thelist dt { font-size:1.5em; margin-top:10px; }
span.date { color:#999999; display:block; }
a.more { position: absolute; right: 0; text-align: right; width: 55px; height: 45px;
padding-right: 4%; margin-top: 30px; }
</style>
<link rel="apple-touch-icon" href="app_icon.png" />
<link rel="apple-touch-startup-image" href="startup.png"/>
</head>
```

```html
<body>
<!-- S:헤더 영역-->
<div id="header">
  <h1><a href="#"><img src="images/logo.png" alt="Nate 스마트존" /></a></h1>
  <div class="search">
    <input type="text" id="search" class="input_search" />
    <button type="submit" id="search_submit" class="btn_search">검색</button>
  </div>
</div>
<!-- E:헤더 영역-->

<!-- S:플리킹 배너 영역-->
<div id="flicking_wrapper">
  <div id="flicking_wrapScroll">
    <ul>
      <li>
        <div></div>
      </li>
      <li>
        <div></div>
      </li>
      <li>
        <div></div>
      </li>
    </ul>
  </div>
</div>
<div id="indicator">
  <ul>
    <li><span>1</span></li>
    <li><span>2</span></li>
    <li><span>3</span></li>
  </ul>
</div>
<!-- E:플리킹 배너 영역-->
<!-- S:스크롤 영역-->
<div id="wrapper">
```

```html
<div id="wrapScroll">
  <!-- S:탭메뉴 영역-->
  <div class="tab">
    <ul>
      <li class="tab01 on"><a href="#"><span>New</span></a></li>
      <li class="tab02"><a href="#"><span>BEST</span></a></li>
      <li class="tab03"><a href="#"><span>Q&amp;A</span></a></li>
    </ul>
  </div>
  <!-- E:탭메뉴 영역-->

  <!-- S:썸네일 리스트 영역-->
  <ul id="thelist">
    <li>
      <p class="img"><img src="images/thumb_01.png" alt="썸네일 리스트" /></p>
      <dl>
        <dt>모바일 웹 시장의 주역</dt>
        <dd>
          <p class="title">송태민</p>
          <span class="date">2012.05.02</span> </dd>
      </dl>
      <a href="#" class="more"><img src="images/arrow.png" alt="바로가기"
/></a> </li>
    <li>
      <p class="img"><img src="images/thumb_02.png" alt="썸네일 리스트" /></p>
<dl>
        <dt>HTML5, CSS3는 과연?</dt>
        <dd>
          <p class="title">송태민</p>
          <span class="date">2012.05.02</span> </dd>
      </dl>
      <a href="#" class="more"><img src="images/arrow.png" alt="바로가기"
/></a> </li>
    <li>
<p class="img"><img src="images/thumb_03.png" alt="썸네일 리스트" /></p>
      <dl>
        <dt>해상도가 상상을 초월하다</dt>
```

```html
<dd>
    <p class="title">송태민</p>
    <span class="date">2012.05.02</span> </dd>
  </dl>
  <a href="#" class="more"><img src="images/arrow.png" alt="바로가기" /></a> </li>
  <li>
  <p class="img"><img src="images/thumb_04.png" alt="썸네일 리스트" /></p>
  <dl>
   <dt>웹 표준 전문 강사</dt>
   <dd>
    <p class="title">송태민</p>
    <span class="date">2012.05.02</span> </dd>
  </dl>
  <a href="#" class="more"><img src="images/arrow.png" alt="바로가기" /></a> </li>
  <li>
  <p class="img"><img src="images/thumb_05.png" alt="썸네일 리스트" /></p>
  <dl>
   <dt>디자이너가 코딩을?</dt>
   <dd>
    <p class="title">송태민</p>
    <span class="date">2012.05.02</span> </dd>
  </dl>
  <a href="#" class="more"><img src="images/arrow.png" alt="바로가기" /></a> </li>
  <li>
  <p class="img"><img src="images/thumb_06.png" alt="썸네일 리스트" /></p>
  <dl>
   <dt>멀티, 다중 디자이너를 위해</dt>
   <dd>
    <p class="title">송태민</p>
<span class="date">2012.05.02</span> </dd>
  </dl>
  <a href="#" class="more"><img src="images/arrow.png" alt="바로가기" /></a> </li>
 </ul>
```

```
<!-- E:썸네일 리스트 영역-->
  </div>
</div>
<!-- E:스크롤 영역-->

<!-- S:푸터 영역-->
<div id="footer"></div>
<!-- E:푸터 영역-->
</body>
</html>
```

06 푸터 메뉴 만들기

예제 미리 보기 http://uhb.kr/a

예제 사이트의 마지막 부분인 푸터메뉴입니다. 이런 스타일의 디자인은 스마트폰에서는 매우 흔합니다. 대부분의 애플리케이션이 아래와 같은 탭 메뉴를 취하고 있기 때문입니다. 이 메뉴 역시 이전에 배웠던 탭에서의 방법과 매우 유사하지만 다른 코딩방식으로 진행하겠습니다.

UI개발에는 가이드, 바이블이란 것이 존재하지만 개개인마다 코드를 짜는 방식은 매우 다양합니다. 다양한 방식을 접해보면서 자신에게 맞는 것, 그리고 어느 방식이 과연 더 적절하고 좋은지는 스스로 판단해 나가는 것이 좋겠습니다.

| Menu01 | Menu02 | Menu03 | Menu04 | Menu05 |

푸터 메뉴를 보니 이전에 배웠던 탭 메뉴와 매우 흡사합니다. 이번 장에서는 반복적인 명령어에서 맨 처음이나 맨 마지막 것을 제어할 때 사용하는 태그에 대해 알아보겠습니다.

```
#footer { position:absolute; z-index:2; bottom:0; left:0; width:100%; height:63px;
background:url(images/bg_bot_m_off.png) repeat-x; }
/* 푸터 메뉴 영역 */
#foot_menu { width:100%; }
#foot_menu li { float:left; width:20%; text-align:center; height:44px;
background:url(images/bg_bot_m_slice.png) no-repeat left center;
color:#9c9c9c; font-size:0.9em; padding-top:19px; }
#foot_menu li:first-child { background: none; }
#foot_menu li.on { background:url(images/bg_bot_m_on.png) repeat-x 0 6px;
color:#FFFFFF; }

<!-- S:푸터 영역-->
<div id="footer">
  <ul id="foot_menu">
    <li class="on">Menu01</li>
    <li>Menu02</li>
    <li>Menu03</li>
    <li>Menu04</li>
    <li>Menu05</li>
  </ul>
</div>
<!-- E:푸터 영역-->
```

#foot_menu { width:100%; }

가로값은 100%로 설정합니다. div의 가로 값을 설정하지 않아도 되지만 이전 혹은 그 안에 들어가는 것에 따라서 버그가 발생할 수도 있으니 확실하게 잡아주고 시작합니다.

```
#foot_menu li { float:left; width:20%; text-align:center; height:44px;
background:url(images/bg_bot_m_slice.png) no-repeat left center;
color:#9c9c9c; font-size:0.9em; padding-top:19px; }
```

메뉴 옆에는 슬라이스 바 디자인이 있습니다. 이를 왼쪽에 나오도록 설정합니다. 그리고 각 메뉴 칸은 5개로 100%에서 5등분을 한 20%입니다. 만약 홀수일 경우는 이전 탭 메뉴에서 배웠던 방법으로 진행합니다.

```
#foot_menu li:first-child { background: none; }
```

li에서 설정되었던 배경을 첫 번째만 없애준다라는 뜻의 태그입니다. 아래에서 더 자세히 알아보겠습니다.

```
#foot_menu li.on { background:url(images/bg_bot_m_on.png) repeat-x 0
6px; color:#FFFFFF; }
```

li에 클래스 값이 on이라는 네이밍을 설정한 후 활성화된 디자인을 입히는 설정입니다.

first-child와 last-child

예를 들어 게시판 하단에는 페이징 처리가 보통 아래와 같은 디자인으로 되어 있을 것입니다.

1 | 2 | 3 | 4 | 5

각 숫자 사이의 슬라이스 바를 매번 각 한 칸마다 설정해줄 수는 없으므로 간단한 태그를 넣어서 제작하게 됩니다.

```
<ul >
   <li> 1</li>
   <li> 2</li>
   <li> 3</li>
   <li> 4</li>
   <li> 5</li>
</ul>
```

이 방법은 일단 아래의 코드처럼 나열을 한 후 각 li에 슬라이스바 배경을 설정하면 아래 이미지처럼 될 것입니다.

1 | 2 | 3 | 4 | 5 |

마지막에만 슬라이스바가 설정되지 않게 하려면 자식요소의 처음 또는 마지막 요소에만 적용하는 가상클래스를 씁니다.

li:last-child {border:0;}

Last-child 태그를 쓰게 되면 마지막 슬라이스 바는 나타나지 않게 됩니다.

실무 Tip

first-child 처음 자식요소에만 적용됩니다. IE6제외한 모든 브라우저 적용 가능
last-child 마지막 자식요소에만 적용됩니다. CSS3에서 적용 가능

이제 예제와 같이 코딩을 진행했습니다. 전체적인 소스를 보면서 오류가 없는지 검토하시길 바랍니다.

예제 미리 보기 http://uhb.kr/wan

▶ 전체 완성 소스입니다.

```
<!DOCTYPE html>
<html>
<head>
<meta http-equiv="Content-Type" content="text/html; charset=euc-kr" />
<meta name="viewport" content="width=device-width, initial-scale=1.0,
maximum-scale=1.0, minimum-scale=1.0, user-scalable=no, target-
densitydpi=medium-dpi" />
<meta name="apple-mobile-web-app-capable" content="yes">
<meta name="apple-mobile-web-app-status-bar-style" content="black">
<title>Mobile Web - UhB.kr</title>
<!--S : iscorll 영역-->
<script type="text/javascript" src="js/iscroll.js"></script>
<script type="text/javascript">

var myScroll;
function loaded() {
          myScroll = new iScroll('wrapper');
}

document.addEventListener('touchmove', function (e) { e.preventDefault(); },
false);
document.addEventListener('DOMContentLoaded', loaded, false);

</script>
<!--E : iscorll 영역-->
<!--S : 플리킹 영역-->
<script class="jsbin" src="js/jquery.min.js"></script>
<script>
$(document).ready(function() {
  var iscroll = new iScroll('flicking_wrapper', {
    snap: 'li',
    momentum: false,
    hScrollbar: false,
    vScrollbar: false,
    onScrollEnd: function() {
```

```
  $('#indicator li').each(function(i, node) {
    if(i === iscroll.currPageX) {
      $(node).addClass('active');
    } else {
      $(node).removeClass('active');
    }
  });
  }
 });
 iscroll.scrollToPage(0);
});
</script>
<!--E : 플리킹 영역-->

<style type="text/css" >
/* 공통CSS 부분 */
* { padding:0; margin:0; border:0; }
ul, ol, dl { list-style: none; }
img { vertical-align:top; border:0; }
a { text-decoration: none; }
input { -webkit-appearance: none; border: 0; }
body { font-size:1.2em; -webkit-text-size-adjust:none; font-family:helvetica; }
#header, #flicking_wrapper, #gnb, #banner, #contents, #footer { min-width:
450px; }
#footer { position:absolute; z-index:2; bottom:0; left:0; width:100%; height:63px;
background:url(images/bg_bot_m_off.png) repeat-x; }
#wrapper { position:absolute; z-index:1; top:210px; bottom:63px; left:0;
width:100%; overflow:auto; }
#myFrame { position:absolute; top:0; left:0; }
/* 헤더 영역*/
#header { height: 65px; background:url(images/bg_header.png) repeat-x; }
#header h1 img { float:left; margin:21px 0 0 12px; }
#header .search { height: 42px; background:#FFF url(images/btn_search.png)
right top no-repeat; float:right; width: 55%; max-width: 400px; margin:12px
12px 0 0; padding-left:10px; }
#header .search input.input_search { float:left; height: 30px; margin-top: 7px;
width: 80%; font-size:1.3em }
```

```css
#header .search .btn_search { float:right; width:45px;height:42px;background:
url(images/btn_search.png) no-repeat;text-indent:-999em;}
/* 플리킹 배너 영역*/
#flicking_wrapper { width:480px;/*=page_width*/ height:124px;/*=page_
height*/ margin:0; padding:0; overflow:hidden; background-color:#fff; margin:0
auto; clear:both; }
#flicking_wrapScroll { position:relative; top:0; left:0; width:1440px;/*=number_
of_page
page_width*/ height:124px; float:left; }
#flicking_wrapScroll ul { list-style:none; position:relative; display:block;
margin:0; padding:0; top:0; left:0; width:100%; height:100%; }
#flicking_wrapScroll li { display:block; float:left; width:480px; height:124px; }
#indicator { margin:6px auto; width:57px; }
#indicator li { width:9px; height:9px; margin-right:10px; float:left;
background:url(images/slider_off.png) no-repeat; }
#indicator li.active { background:url(images/slider_on.png) no-repeat; }
#indicator li span { display:none; }
/* 플리킹 배너 이미지 주소 영역 */
#flicking_wrapScroll li:nth-child(1) { background:url(images/bn_main_01.png)
no-repeat; }
#flicking_wrapScroll li:nth-child(2) { background:url(images/bn_main_02.png)
no-repeat; }
#flicking_wrapScroll li:nth-child(3) { background:url(images/bn_main_03.png)
no-repeat; }
/* 탭메뉴 영역 */
.tab { height: 53px; background: url(images/bg_tab.png) left top repeat-x;
width:100%; }
.tab ul li { width: 33%; float: left; text-align: center; position: relative; }
.tab ul li a { display: block; }
.tab ul li a span { color:#8d8d8d; font-size: 1.4em; display: block; height:
40px; padding-top: 11px; background: url(images/tab_slice.png) right top no-
repeat; }
.tab ul li.tab03 a span { background: none; }
.tab ul li.on { background:#4c4c4c; width: 34%; }
.tab ul li.on a { background: url(images/tab_on_l.png) left top no-repeat; }
.tab ul li.on a span { background: url(images/tab_on_r.png) right top no-
repeat; color: #FFF; }
```

```
/* 썸네일 리스트 영역 */
#thelist { width:100%; }
#thelist li { padding:10px; height:86px; line-height:32px; border-bottom:1px
solid #ccc; border-top:1px solid #fff; background-color:#fafafa; font-
size:14px; position:relative; }
#thelist p { float:left; }
#thelist dl { float:left; margin-left:10px; }
#thelist dt { font-size:1.5em; margin-top:10px; }
span.date { color:#999999; display:block; }
a.more { position: absolute; right: 0; text-align: right; width: 55px; height:
45px; padding-right: 4%; margin-top: 30px; }
/* 푸터 메뉴 영역 */
#foot_menu { width:100%; }
#foot_menu li { float:left; width:20%; text-align:center; height:44px;
background:url(images/bg_bot_m_slice.png) no-repeat left center;
color:#9c9c9c; font-size:0.9em; padding-top:19px; }
#foot_menu li:first-child { background: none; }
#foot_menu li.on { background:url(images/bg_bot_m_on.png) repeat-x 0
6px; color:#FFFFFF; }
</style>
<link rel="apple-touch-icon" href="app_icon.png" />
<link rel="apple-touch-startup-image" href="startup.png"/>
</head>

<body>
<!-- S:헤더 영역-->
<div id="header">
  <h1><a href="#"><img src="images/logo.png" alt="Nate 스마트존" /></a></h1>
  <div class="search">
    <input type="text" id="search" class="input_search" />
    <button type="submit" id="search_submit" class="btn_search">검색</button>
  </div>
</div>
<!-- E:헤더 영역-->

<!-- S:플리킹 배너 영역-->
<div id="flicking_wrapper">
```

```html
<div id="flicking_wrapScroll">
  <ul>
    <li>
      <div></div>
    </li>
    <li>
      <div></div>
    </li>
    <li>
      <div></div>
    </li>
  </ul>
</div>
</div>
<div id="indicator">
  <ul>
    <li><span>1</span></li>
    <li><span>2</span></li>
    <li><span>3</span></li>
  </ul>
</div>
<!-- E:플리킹 배너 영역-->

<!-- S:스크롤 영역-->
<div id="wrapper">
  <div id="wrapScroll">
    <!-- S:탭메뉴 영역-->
    <div class="tab">
      <ul>
        <li class="tab01 on"><a href="#"><span>New</span></a></li>
        <li class="tab02"><a href="#"><span>BEST</span></a></li>
        <li class="tab03"><a href="#"><span>Q&amp;A</span></a></li>
      </ul>
    </div>
    <!-- E:탭메뉴 영역-->

    <!-- S:썸네일 리스트 영역-->
```

```
<ul id="thelist">
 <li>
  <p class="img"><img src="images/thumb_01.png" alt="썸네일 리스트" /></p>
  <dl>
   <dt>모바일 웹 시장의 주역</dt>
   <dd>
    <p class="title">송태민</p>
    <span class="date">2012.05.02</span> </dd>
  </dl>
   <a href="#" class="more"><img src="images/arrow.png" alt="바로가기"
/></a> </li>
 <li>
  <p class="img"><img src="images/thumb_02.png" alt="썸네일 리스트" /></p>
  <dl>
   <dt>HTML5, CSS3는 과연?</dt>
   <dd>
    <p class="title">송태민</p>
    <span class="date">2012.05.02</span> </dd>
  </dl>
   <a href="#" class="more"><img src="images/arrow.png" alt="바로가기"
/></a> </li>
 <li>
  <p class="img"><img src="images/thumb_03.png" alt="썸네일 리스트" /></p>
  <dl>
   <dt>해상도가 상상을 초월하다</dt>
   <dd>
    <p class="title">송태민</p>
    <span class="date">2012.05.02</span> </dd>
  </dl>
   <a href="#" class="more"><img src="images/arrow.png" alt="바로가기"
/></a> </li>
 <li>
  <p class="img"><img src="images/thumb_04.png" alt="썸네일 리스트" /></p>
  <dl>
   <dt>웹 표준 전문 강사</dt>
   <dd>
    <p class="title">송태민</p>
```

```html
          <span class="date">2012.05.02</span> </dd>
      </dl>
        <a href="#" class="more"><img src="images/arrow.png" alt="바로가기"
/></a> </li>
      <li>
        <p class="img"><img src="images/thumb_05.png" alt="썸네일 리스트" /></p>
        <dl>
          <dt>디자이너가 코딩을?</dt>
          <dd>
            <p class="title">송태민</p>
            <span class="date">2012.05.02</span> </dd>
        </dl>
        <a href="#" class="more"><img src="images/arrow.png" alt="바로가기"
/></a> </li>
      <li>
        <p class="img"><img src="images/thumb_06.png" alt="썸네일 리스트" /></p>
        <dl>
          <dt>멀티, 다중 디자이너를 위해</dt>
          <dd>
            <p class="title">송태민</p>
            <span class="date">2012.05.02</span> </dd>
        </dl>
        <a href="#" class="more"><img src="images/arrow.png" alt="바로가기"
/></a> </li>
    </ul>
    <!-- E:썸네일 리스트 영역-->
  </div>
</div>
<!-- E:스크롤 영역-->

<!-- S:푸터 영역-->
<div id="footer">
  <ul id="foot_menu">
    <li class="on">Menu01</li>
    <li>Menu02</li>
    <li>Menu03</li>
    <li>Menu04</li>
```

```
  <li>Menu05</li>
  </ul>
</div>
<!-- E:푸터 영역-->
</body>
</html>
```

08 테스트 해보기

사용자 디바이스

UI 개발이 완료되었다면 철저한 테스트가 꼭 필요합니다. 가장 좋은 방법은 모든 스마트폰 디바이스를 테스트하는 것입니다. 하지만 이것은 비현실적이므로 주변에서 구할 수 있는 OS 별로 테스트를 해보는 것이 중요합니다.

예제의 디자인 코딩 본은 아래의 스마트폰에서 테스트를 마쳤습니다.

미라클A / 옵티머스Z / 아이패드 / 아이패드2 / 아이폰3GS / 아이폰4G / 갤럭시S / 갤럭시탭 / 갤럭시S2

대부분은 같은 OS라면 같은 브라우저 엔진을 사용하기 때문에 테스트하기에 편하기도 하지만 같은 OS라도 버전에 따라서 다를 수 있음을 알려드립니다.

검사 사이트 & 가상 프로그램

모바일 HTML부분을 검사할 수 있는 사이트가 존재합니다.

W3C 사이트 검사
http://validator.w3.org/mobile/

한국형 모바일OK시험 인증 서비스
http://v.mobileok.kr/

위의 검사 사이트에서 나오는 결과는 코딩에 따른 디자인 뷰와는 별개입니다. 코드 작성 시 방법과 규칙에 어긋나는 것들을 체크해주고 틀린 부분을 보기 쉽게 설명합니다.

가능한 이 사이트에서 검사 후 틀린 점은 수정해주시는 것이 바람직하지만 실무에서는 간과하고 넘어가기도 합니다. 여러분들은 바로 실무로 투입되어 업무를 하겠지만 지켜야 할 것(바이블)이 무엇인지는 꼭 알고 일을 하셨으면 좋겠습니다.

http://www.Standard.pe.kr

Mobile
Html & Css

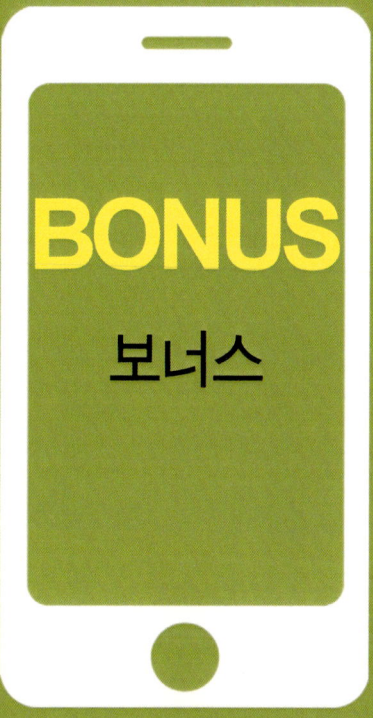

BONUS

보너스

BONUS 보너스

모바일 UI 설계 및 구성

---

01 모바일 웹 디자인과 UI 설계

최근 IT 디자인 중 가장 이슈화되고 있는 것은 아무래도 모바일 디자인이 아닐까 생각됩니다.

개인적으로 가장 많이 받았던 질문은 "모바일 앱(아이폰 앱, 안드로이드 OS앱, 윈도우 모바일 앱 등) 을 디자인 할 때 사용하는 툴은 무엇인가요?" 라는 것이었습니다.

당연히 대답은 포토샵! 그렇습니다. 모바일 앱, 웹을 디자인 한다고 해서 특별한 툴이 있는 것은 아닙니다. 저는 모든 디자인 작업 및 저장까지 전부 포토샵 CS5.5에서 작업하고 있습니다. 가장 친숙하고 원하는 디자인을 쉽게 뽑아 낼 수 있으니까요. 저뿐만 아닙니다. 많은 사용자 또는 개발자 모임에서도 디자인 가이드를 PSD로 제공하고 있으므로 손쉽게 작업할 수 있습니다.

일단 모바일 웹, 앱에 대해서 UX, UI, GUI 측면에서 골고루 살펴보는 것이 좋습니다. 웹 기반, 그리고 애플리케이션 기반이므로 다양한 지식을 습득한 후 공부해 나가는 것이 좋습니다.

　Display Device 크기와는 상관없이 사이트 혹은 애플리케이션은 그것의 주제(주요 서비스)를 표현하기에 가장 적당한 위치를 정할 때 사용자 조사에 따른 UI를 따릅니다. 예를 들어 웹사이트의 경우 좌측 상단에 로고가 위치하는 것은 사람들이 가장 먼저 보는 곳이기 때문이며 이는 수년간의 학습된 효과이면서도 좌측 상단부터 보는 습관이 오프라인 때부터 있어 왔기 때문입니다. 이와 같이 UX적인 측면이 매우 중요하며 이는 사용자 조사를 통해서만 얻어질 수 있을 것입니다.
　하지만 이런 조사는 시간과 비용이 들기 때문에 다양한 모바일 웹과 애플리케이션을 통해서 벤치마킹으로 자료를 뽑아볼 수 있습니다.

　Mobile Display Device(이하 Mobile)의 경우 Haptic Interface가 매우 중요한 이슈가 될 수 있습니다. 작은 만큼 피드백의 중요성도 있으며 사람들의 시선이 어느 방향으로 가는지 또한 조사할 수 있겠지만 모바일의 경우 한눈에 잘 들어오는 특성 때문에 제일 상단에 로고부터 차례대로 각 사이트 혹은 애플리케이션에서 주력으로 하는 것을 배치합니다.

　나날이 기술이 발전해가면서 Haptic Interface의 중요성은 더욱 강조되고 있습니다. 이전에는 스크롤 영역들은 보기가 힘들거나 오작동의 범위에 있었지만 지금은 손쉽게 스크롤을 이용하면서 사용자들이 원하는 정보들을 손쉽게 얻을 수 있습니다. 그 반응에 따른 감각적인 UI설계는 매우 중요합니다.

　Mobile의 경우 모바일 웹과 애플리케이션 크게 두 가지로 구분될 수 있습니다.

일단 첫 번째로 모바일 웹을 정리해보겠습니다.

시간을 거슬러 올라가 WAP서비스에 대해 먼저 언급하자면, 일단 이는 스마트폰이나 터치영역의 모바일이 아닌 키패드 형식 즉 피처폰입니다. 피처폰은 스크롤의 영역이 매우 불편한 구조입니다. 그렇기 때문에 스크린에서 보여지는 영역이 아니면 사용자들에게 노출될 기회가 매우 적습니다. WAP서비스들은 대부분이 유료이며 돈을 벌 수 있는 매우 좋은 구조로 되어있습니다. 이런 구조에서 사용자에게 노출이 안 된다는 것은 사장되는 서비스를 만들고 있는 것과 같습니다.

그렇기 때문에 WAP서비스들의 UI를 보면 매우 빽빽한 구조로 많은 콘텐츠를 담고 있습니다. 처음 모습을 보면 어느 것에 집중할지 몰라서 오히려 불편한 UI라고 할 수도 있겠지만 사용자들에게 학습화가 완료되면 이보다 편한 것도 없으며 또한 많은 매출을 기대할 수 있는 좋은 UI가 될 수

예제 미리 보기 http://uhb

있습니다.

UI라는 것은 서비스와 그에 따른 매출 그리고 가장 중요한 Mobile Display Device의 Performance를 결정하게 됩니다.

대표적인 검색 사이트인 NHN사의 NAVER의 모바일 서비스를 기준으로 사이트의 변화를 살펴보겠습니다.

네이버에서 제공하는 WAP 부분과 스마트폰에서 제공하는 모바일 페이지까지의 디자인 변천사입니다. 물론 이외에도 PDA를 위한 페이지도 있었으며 simple search 부분도 있었고 위의 이미지 외에도 작은 변화들이 자주 있긴 했었습니다. 하지만 콘텐츠 및 서비스 중심으로 서비스를 제공한 UI를 중점적으로 분석해보겠습니다.

심플한 UI 구조의 모습으로 판단하기 위해서 간략하게 그려보았습니다.

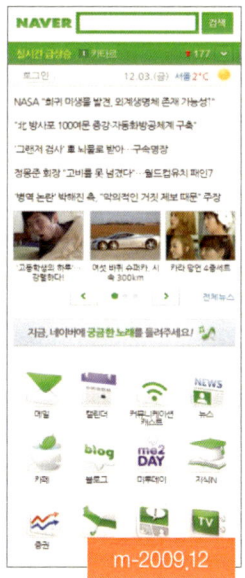

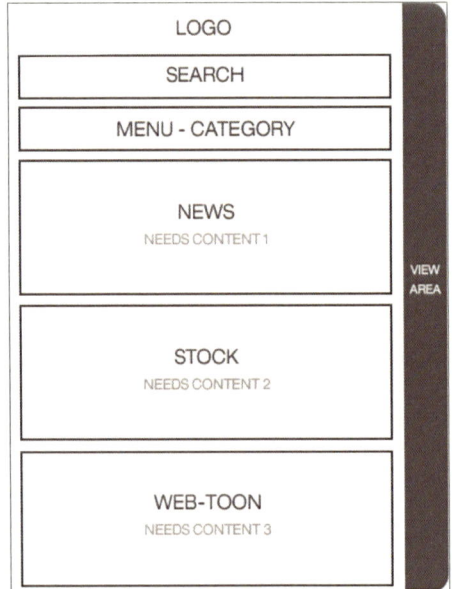

WAP-2008

　네이버는 검색사이트로 유명하지만 모바일에서는 휴대성과 킬링타임용 때문에 검색보다는 사용자들에게 뉴스 콘텐츠를 제공하는 것을 우선적으로 하였으며 상단의 로고와 검색 창 부분은 이 사이트의 정체성을 위해서 배치하며 검색의 수요도 풀어서 제공하게 되었습니다.

　다른 WAP서비스에 비해 여유 있는 공간활용으로 많은 콘텐츠를 담지는 못했으나 사용자에게 가장 많은 사용 성을 불러올 수 있고 간단한 뉴스, 주식 위주로 메인을 설계하였습니다.

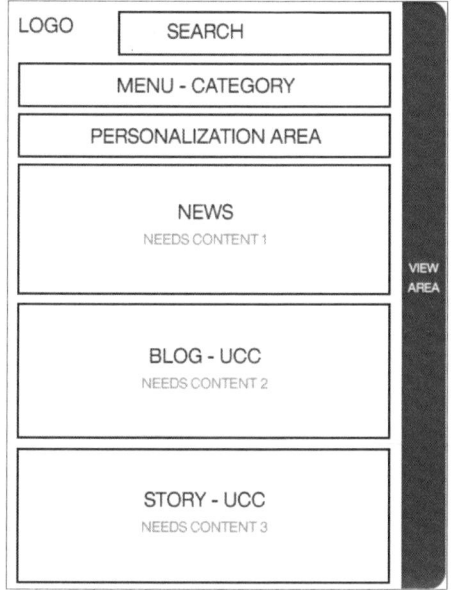

m-2009.6

　WAP서비스에서 m(스마트폰 모바일 웹)서비스로 영역을 확장하면서 좀 더 짜임새 있는 UI구조가 만들어졌으며 로고와 검색부분을 한 줄로 작업하여 공간을 활용하였습니다.

　개인화 영역이 처음 들어가기 시작했습니다.

　네이버 메일의 수요가 있고 자주 확인하러 들어오게 할 수 있으므로 상단에 위치하여 메일 수와 카페목록 블로그 등 개인화 영역을 강조하였습니다.

　그 밑으로는 뉴스와 블로그 이야기 등 소비성 정보를 설계하여 내용이 풍부한 느낌을 주었습니다.

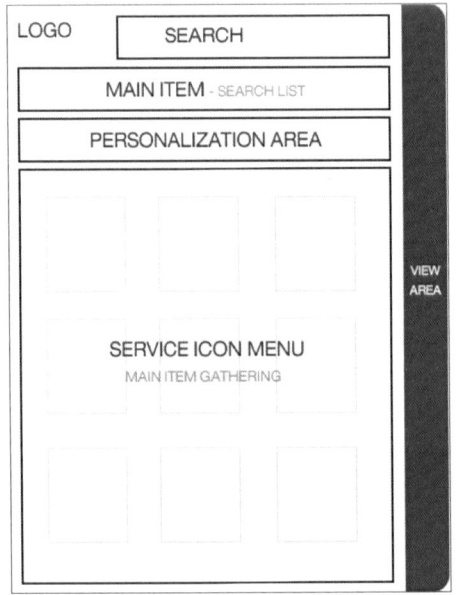

m-2009.12

　본격적으로 스마트폰이 돌풍이 불 당시 스마트폰의 아이콘 방식의 평범
하고 깔끔한 스타일의 UI구조가 제작되었습니다.

　네이버의 대부분 서비스들을 아이콘으로 제작하여서 노출시키며 개인화
영역 또한 아이콘 위에 숫자로 표시하여 실시간으로 사용자의 상태를 바
로 볼 수 있습니다.

　이런 기능은 WAP에서도 가능하지만 로딩시간에 많은 영향을 미치므로
불가능하게 됩니다.

　(로딩시간 제한이나 용량에 대한 정책은 각 사업자마다 다릅니다. SKT
의 무선NATE의 경우 메인 페이지가 과금형이다보니 방통위로부터 제제를
받고 있는 상황입니다.)

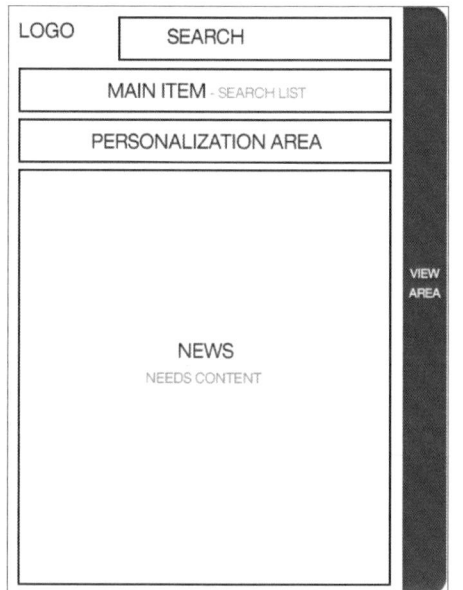

m-2010.09

아이콘 스타일로 첫 페이지를 장식하는 대표적인 네이버였으나 결국은 포털형으로 갈수밖에 없습니다. 사람들이 원하는 서비스들뿐만 아니라 지속적으로 자주 들어와서 볼 수 있는 소재를 만드는 것은 매우 중요한 것이기 때문입니다.

그 중 사람들이 가장 많이 접하고 서브단계로 접근이 가능한 콘텐츠는 바로 뉴스입니다.

그래서 첫 화면에는 바로 뉴스가 노출되고 하단에는 기존과 같은 아이콘 방식의 메뉴들이 나열되어 있습니다. 다음, 네이트의 경우 아이콘으로 보는 것은 플리커 혹은 버튼을 눌러서 페이지를 이동해서 볼 수 있습니다.

모바일 앱(애플리케이션)의 경우 디자인 자체는 당연히 포토샵에서 작업하고 저장 또한 포토샵에서 하시면 됩니다. 하지만 모바일 앱의 경우 다양한 디바이스, OS에 따라서 규칙 등 UI/GUI가이드가 존재 합니다. 이에 맞춰서 작업해야 하므로 자료 조사가 무엇보다도 필요합니다. 대부분의 가이드는 영어로만 제작되어 있으며 한글 작업이 전부 되어 있는 곳을 찾기는 힘듭니다. 그래서 이 강좌에서 함께 간략히 알아보도록 하겠습니다.

UI 디자인 가이드라고 명시되어 있는 것들은 디자인적인 아이콘 및 요소들을 어떻게 쓰느냐가 중요한 것이 아닙니다. 각 OS마다 추구하고자 하는 UI 구성 방안이 있습니다. 그것에 따라서 가장 최적화된 UI/GUI를 만들어가는 것이 매우 중요합니다.

모바일 앱을 위한 기본적인 GUI가이드는 애플 등 업체에서 제공하지는 않으나 그것과 동일하게 개인 혹은 업체에서 무료로 제작하여 공개하고 있습니다.

대표적인 디자인 가이드를 살펴보겠습니다.

iPhone 4 GUI 참고 / http://www.teehanlax.com

iPad GUI 참고 / http://www.teehanlax.com

iPhone Sketch AI 참고 / http://www.teehanlax.com

Android Default GUI PSD 참고 / http://www.matcheck.cz/androidguipsd/

아래는 간략한 아이폰/아이패드/안드로이드OS의 아이콘 사이즈입니다.

	iPhone	iPad	Android
앱 아이콘	57 x 57 / 114 x 114 (High Resolution)	72 x 72	36 x 36 (ldpi) 48 x 48 (mdpi) 72 x 72 (hdpi)
웹 바로가기 아이콘	57 x 57 / 114 x 114 (High Resolution)	72 x 72	
시작화면 (스플래시)	320 x 480 / 640 x 960 (High Resolution)	768 x 1024	디바이스 해상도에 따라 달라짐

안드로이드OS의 경우 기본적으로는 mdpi(Medium density)를 기본 사이즈로 하지만 스크린의 사이즈에 따라 ldpi(Low density) 혹은

hdpi(High density)로 달라집니다.

mdpi아이콘 제작을 하고 테스트 후 hdpi는 150% 확대, ldpi는 75%로 축소해서 제작하면 됩니다.

강제로 확대, 축소할 수도 있지만 이미지 깨짐 현상이 있기 때문에 각 사이즈 별로 제작해놓는 것이 좋습니다.

아이폰의 경우 아이콘 등 다양한 가이드를 구하기가 어렵지 않지만 최근 아이폰만큼 이슈가 되고 있는 것이 안드로이드OS 입니다. 너무 자유로운 OS때문에 디자인 가이드가 없을 것이라고 생각했다면 오해입니다. 물론 자유로운 방식 때문에 아이폰보다는 자유롭지만 디자인 가이드가 존재하니까 안드로이드OS를 중점적으로 알아보도록 하겠습니다.

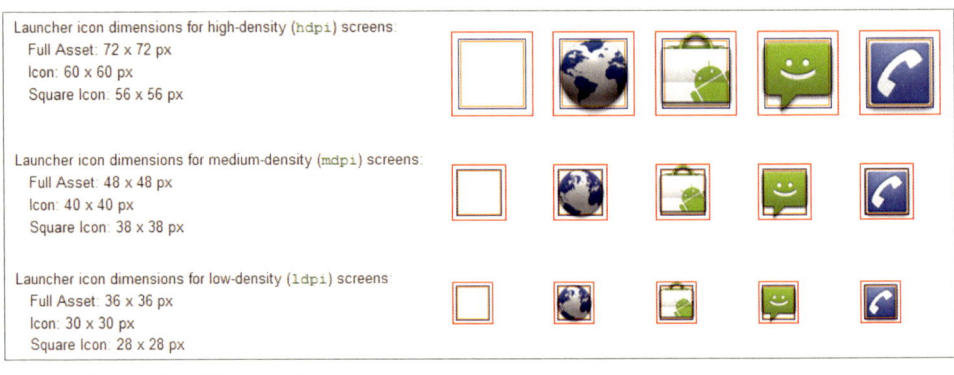

안드로이드OS 개발자 가이드 공간 http://developer.android.com

아이콘의 사이즈와 실제 속에 들어가는 이미지의 크기는 다릅니다.

위의 사이즈대로 나와있는 것은 빨간색 박스이며 그 속에 있는 파란색 박스는 실제 이미지(아이콘)이 들어갈 위치입니다.

이러한 아이콘 가이드는 무조건 지켜져야만 하는 것은 아닙니다. 안드로이드OS 개발자들을 위해 가이드 라인을 잡아주는 규칙일 뿐입니다.

안드로이드OS용은 아이폰과는 다르게 메인 화면에 나오는 위젯이라는 것이 있습니다.

이 또한 가이드가 정해져 있으며 이 사이즈는 지켜서 디자인을 해야 합니다.

안드로이드OS는 기본적으로 세로/가로 형태의 모습을 전부 지원하기 때문에 각각 사이즈에 맞게 디자인을 따로 해야 합니다.

세로 형	
Cells	Pixels
4 x 1	320 x 100
3 x 3	240 x 300
2 x 2	160 x 200

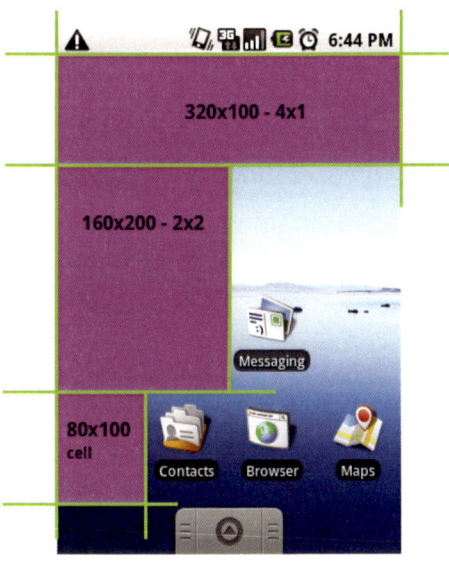

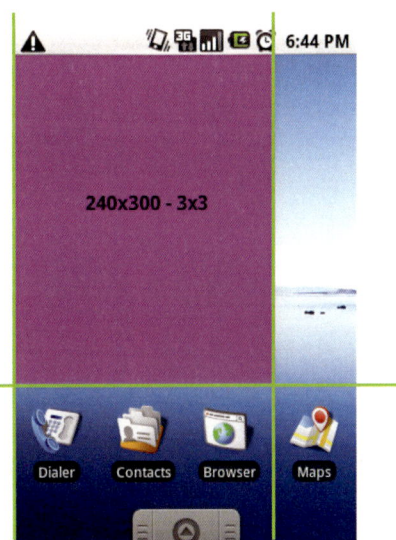

위젯 가이드 http://developer.android.com

가로 형	
Cells	Pixels
4 x 1	424 x 74
3 x 3	318 x 222
2 x 2	212 x 148

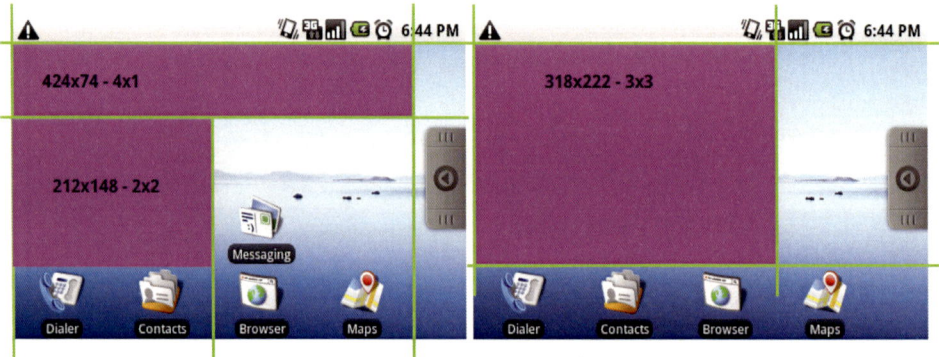

위젯 가이드 http://developer.android.com

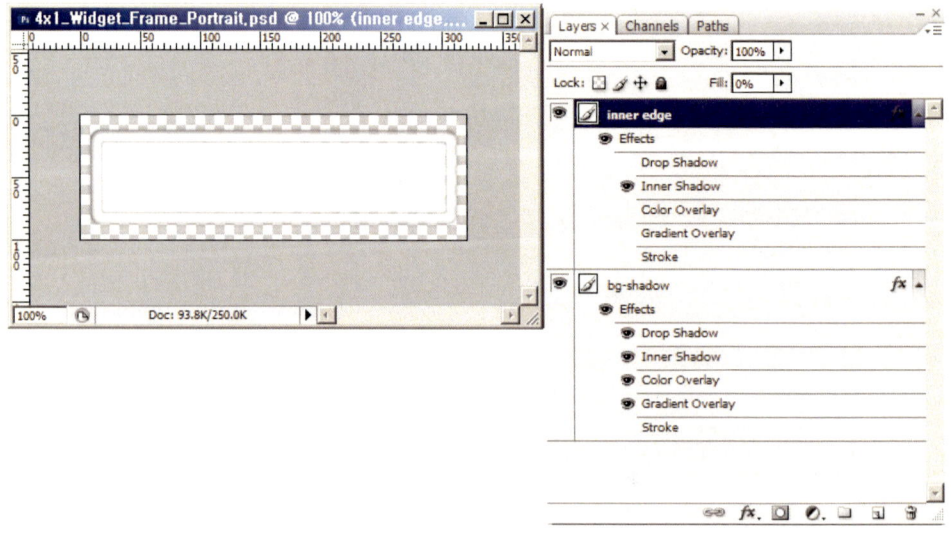

위젯 사이즈 별 PSD 가이드 http://developer.android.com

안드로이드OS는 친절하게도 각 사이즈 별로 각 아이콘 별로 PSD 를 전부 제공하고 있습니다.

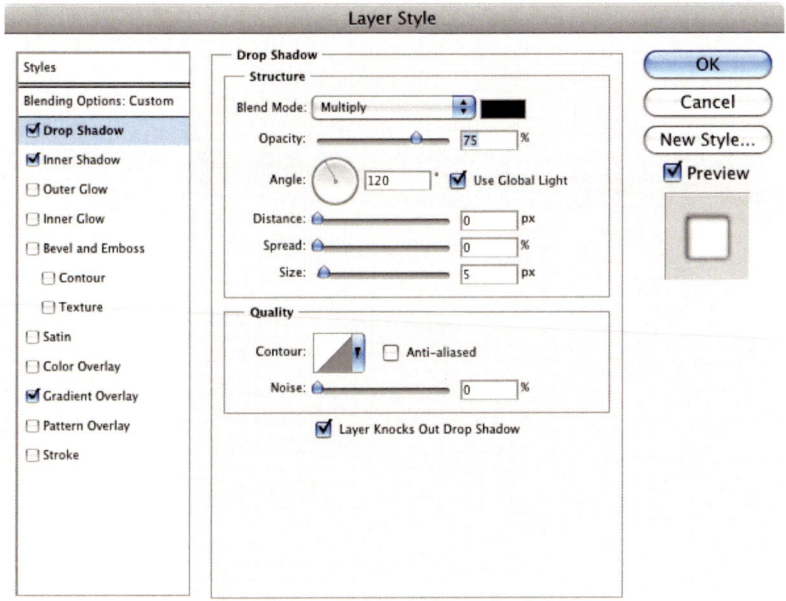

물론 이 쪽에서 제공해주는 디자인을 그대로 따라갈 필요는 없으나 사이즈는 그대로 적용을 해야만 합니다.

메인 페이지에서 위젯의 위치는 마음대로 움직이는 것이 아니라 정해져 있는 셀 안에서 움직이기 때문입니다.

이미지 파일 저장의 경우 아이폰이나 안드로이드OS, 윈도우 모바일 모두 png-24를 지원하기 때문에 Save for Web& Devices를 이용하여 저장하면 됩니다.

이미지 파일 종류 중 세세한 투명도를 표현하며 고화질로 저장할 수 있기 때문에 사용하며 용량이 다른 이미지 파일보다는 높으나 기본적으로

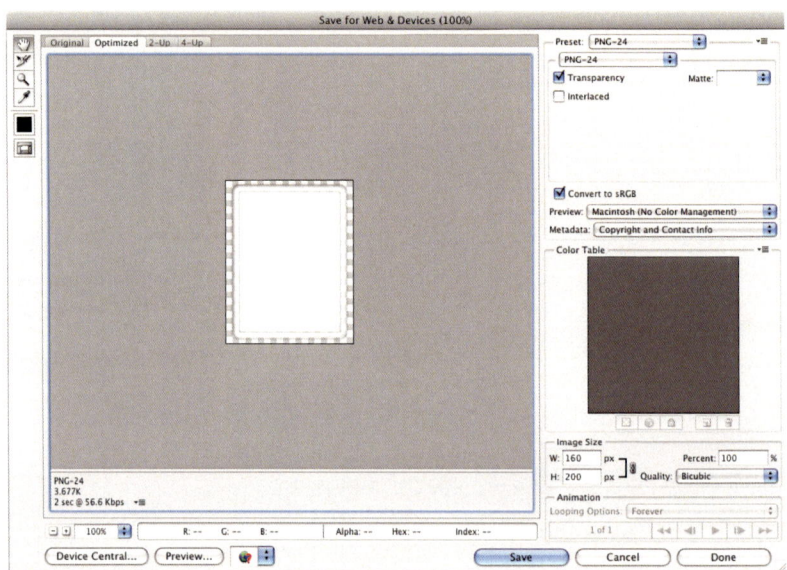

웹에서 불러오는 파일이 아닌 디바이스 내에 어플에 들어가는 것이기 때문에 부담은 없습니다.

이외에도 다양한 가이드가 있으니 각 사이트에서 찾아보시길 권해드립니다.

예를 들어 앱 안에서 탭 메뉴가 있다면 아이폰은 화면 하단에, 안드로이드OS폰은 화면 상단에 위치하는 것을 손쉽게 찾아볼 수가 있습니다. 이것의 이유는 무엇일까요? 디바이스의 UX에 따른 것입니다.

아이폰의 경우 하단에 클릭이 되는 홈 버튼이 위치하고 있으며 안드로이드OS 폰의 경우는 하단의 버튼이 터치 식으로 총 4개의 버튼이 있습니다. 화면 안에 탭 메뉴 등이 하단에 위치하게 된다면 어떨까요? 그렇습니다. 디바이스 하단에 위치한 터치 식 버튼의 오작동(오터치)이 될 수 있는 가능성이 매우 높기 때문입니다. 각 OS와 각 Device들의 특성을 고려한 디자인이야말로 정말 편하고 예쁜 디자인이 아닐까 생각합니다.

모바일과 태블릿 웹, 앱 디자인을 위한 UI디자인 가이드
http://www.mobilexweb.com/blog/ui-guidelines-mobile-tablet-design

아이폰/아이패드/블랙베리/안드로이드OS/심비안/노키아/바다/소니에릭슨/
모토로라/윈모 기반 등 가이드 정리

BONUS 보너스

실무! 드림위버 Tip & Tech

    지금 이 글을 쓰고 있는 필자는 UI개발(코딩)을 할 때는 드림위버를 이용합니다. 드림위버, 나모 이런 위지윅(What You See Is What You Get, WYSIWIG) 프로그램들을 싫어하는 개발자들과 회사가 많아서 사용을 자제하는 분도 있을 것입니다. 하지만 저는 드림위버의 가장 편리한 Auto Tag hint Tip의 기능과 UI개발 프로그램 중 가장 예쁘다는 믿음 때문에 사용하고 있습니다. 그럼 왜 회사에서 사용을 자제하고 개발자들이 싫어하는지 알고 그 부분을 고친다면 문제가 없을 것입니다.

Adobe Dreamweaver CS5.5을 실행합니다.

프로그램을 처음 키셨다면 가장 먼저 프로그램 설정 값을 조정해야 합니다.

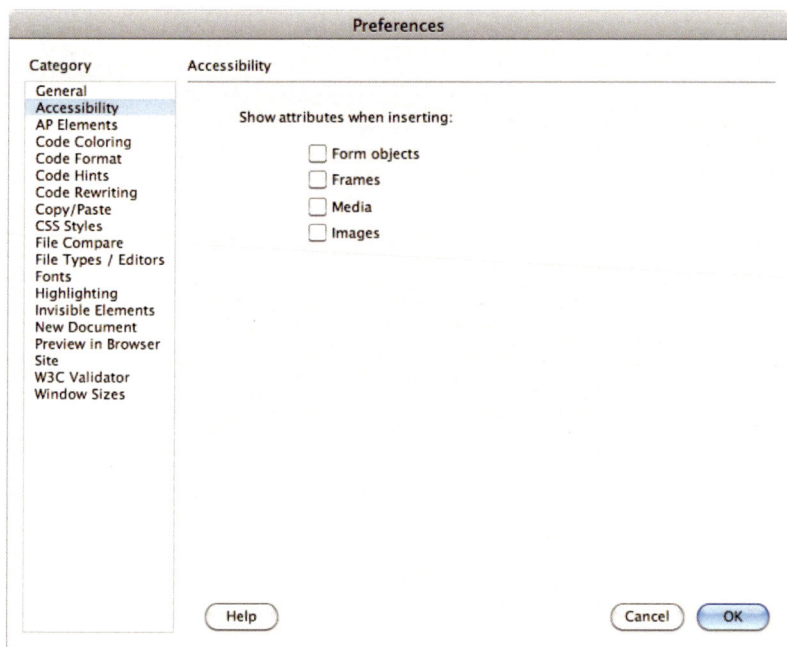

환경설정에서 Accessibility(접근성)에 Form objects, Frames, Media, Images 부분의 체크를 해제합니다.

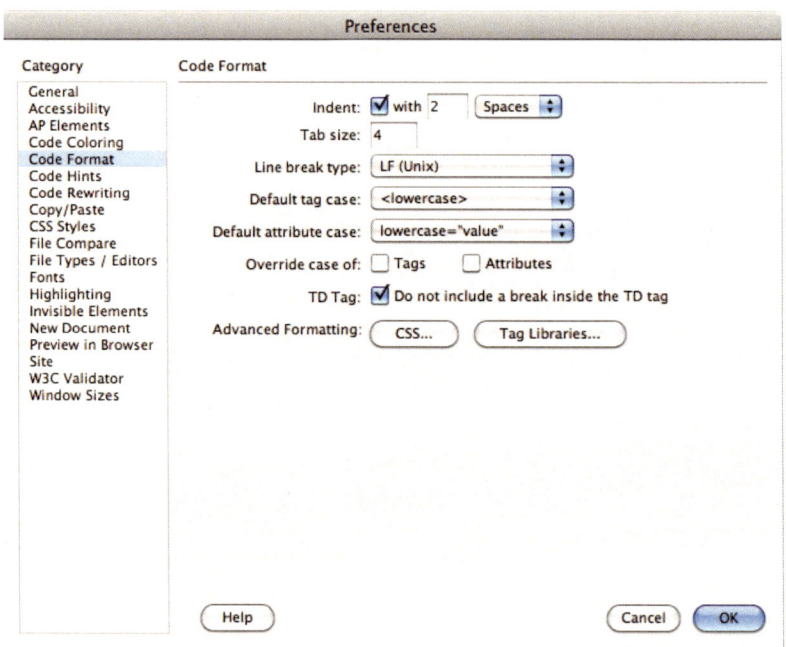

Code Format(코드포맷) 부분에서 주의하실 점은 Tab Size부분과 CSS 설정부분입니다. 이 부분은 각 회사에서 사용되고 있는 가이드에 맞춰서 변경하시면 됩니다. 보통 회사들에서는 Tab size는 3또는 4를 사용하고 있습니다. 이 부분은 코딩을 마친 후 한번에 수정할 수도 있습니다.

CSS부분은 바이블 방식 혹은 인라인 방식 두 가지를 선택해서 CSS포맷을 정할 수 있습니다.

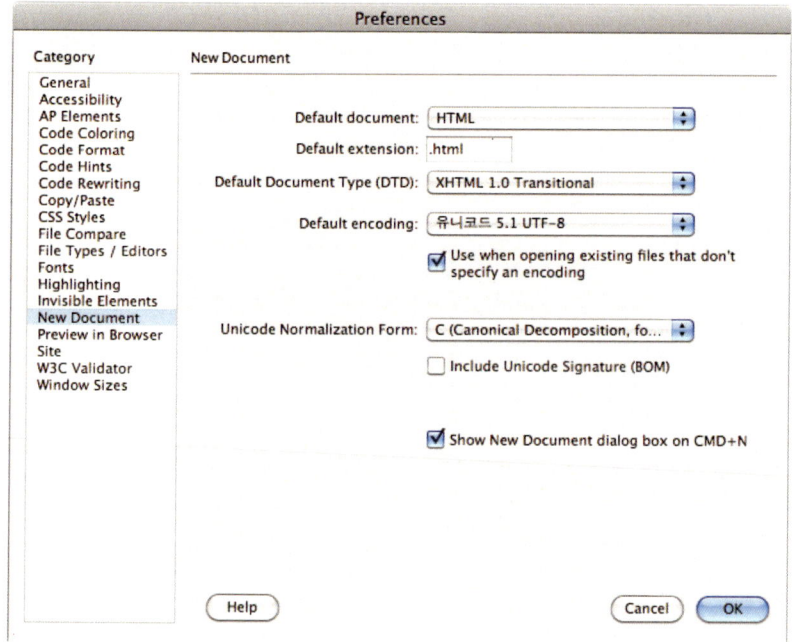

New document(새 문서) 부분은 처음부터 설정을 해주시는 것이 좋습니다. 회사에서 작업할 때에는 보통 동일한 인코딩과 DTD를 사용하는 경우가 많으므로 애초부터 설정을 잘 해놓고 시작하시길 권장합니다. 이렇게 매우 간단하지만 이 부분만 수정하고 드림위버를 사용하시면 됩니다. 모든 버전에서 동일하게 설정하시면 됩니다.

실무 Tip

중요한 점은 드림위버의 Code View(코드뷰)를 이용해서 하드코딩으로 작업을 해야지, Design View(디자인 뷰)를 통해서 하는 작업은 절대 반대하고 싶습니다. 디자인 뷰 부분에서 많은 실수가 생기며 이를 통해서 드림위버는 자동적으로 소스 수정 및 코드 삽입이 되기 때문입니다. 물론 실수가 전혀 없다면 디자인 뷰를 이용하는 것도 매력적이겠지요.

BONUS 보너스

HTML5 및 모바일 관련 PPT자료

아래의 세미나 자료는 2011년 WAP콘텐츠 제작사례를 통한 모바일 서비스의 가능성과 UI개발 트렌드 소개입니다.

세미나 PPT내용에도 나오지만 모바일 HTML관련된 책 한 권 없는 현실을 참을 수 없어서 스스로 써버린 경우입니다. 그냥 참고 페이지로 봐주세요.

아래 PPT의 동영상 강좌는 Standard.pe.kr 부록 동영상 자료를 참고해주세요.

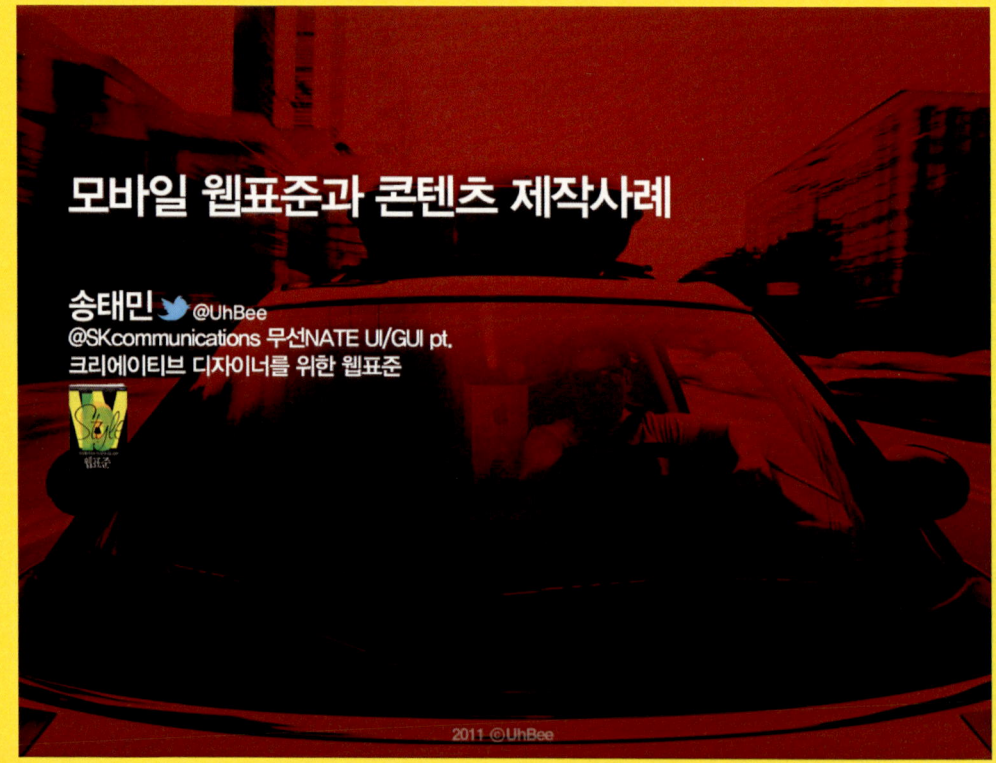

a 모바일?

b 모바일 그리고.. 앱?

c 모바일 컨텐츠 제공

d 모바일 웹표준 Tip&Tech

모바일?

WAP (wireless application protocol)

GSM, TDMA, CDMA 등을 포함한 모든 무선 네트워크에 연결할 수 있는 모바일컴퓨터용 아키텍처, 에릭슨, 모토롤러, 노키아, 언아이머드 플래닛 등 이동통신업체들이 1999년 결성한 WAP포럼에서 개발됐다. WAP은 무엇보다 월드와이드웹 모델에 기반한 네트워크 중심의 컴퓨팅 패러다임을 무선 도메인 안에 만들어 놓음으로써 모바일 컴퓨터 이용환경에 일층의 혁신을 가져온 프로토콜로 평가된다. 즉, 모바일컴퓨터와 인터넷의 접속되면서 모바일컴퓨터를 통해 완벽한 전자우편 송수신은 물론 은행 ... 학 주식시세 정보는 물론 ... 전자정보를 검색해 원하는 곳에 예약미지 할 수 있는 환경이 만들어지고 ... 인터넷에 접속해 게임은 물론 영화, 연예정보 등 각종 생활정보들을 ... 서비스를 선보인 이후 1년 반 만에 무려 120만여 명의 네티즌을 끌어들였다. WAP ... 무선 ... 언어가 다르다는 것이다. WAP은 WML의 반면 I모드는 HTML의 축약형인 c-HTML을 사용한다. 따라서 WAP은 기존 인터넷 사이트를 WML 언어로 바뀌하여 접속할 수 있는 데 반해 I모드는 HTML로 구축한 기존 웹사이트를 자유자재로 접속할 수 있는 장점이 있다. 접속방법에서도 WAP이 웹사이트 주소를 일일이 입력해야 하지만 I모드는 단축 버튼을 누르면 바로 접속되어 I모드가 훨씬 간편하다. 데이터 송수신 속도도 I모드가 WAP보다 빠르다. 이용할 수 있는 콘텐츠 숫자도 I모드가 많고 요금도 저렴하다. WAP은 접속시간에 따라 요금을 부과하지만 I모드는 패킷 데이터방식을 이용해 실제 이용하는 데이터량에 따라 요금을 매기기 때문이다. 그러나 WAP은 세계 에이의 통신회사들이 대부분 WAP을 채택하고 있고 각 나라마다 서로 다른 통신방식에서도 WAP은 자유자재로 작동이 된다는 것이다. 2001년 8월 WAP포럼에서 WAP1.x의 차세대 버전인 WAP2.0을 발표했다. WAP2.0은 기존의 WAP1.x의 한계를 극복하기 위해 무선에 특화한 프로토콜을 포기하고 xHTML과 SSL, TCP/IP에 이르는 기존 유선 인터넷 기술을 대폭 수용했다.

WAP

모바일?

GSM, TDMA, CDMA 등을 포함한 모든 무선 네트워크에 연결할 수 있는 모바일컴퓨터용 아키텍처, 에릭슨, 모토롤러, 노키아, 언어이어드 플래닛 등 이동통신업체들이 1999년 공식한 WAP포럼에서 개발됐다. WAP은 무엇보다 월드와이

모바일?

모바일?

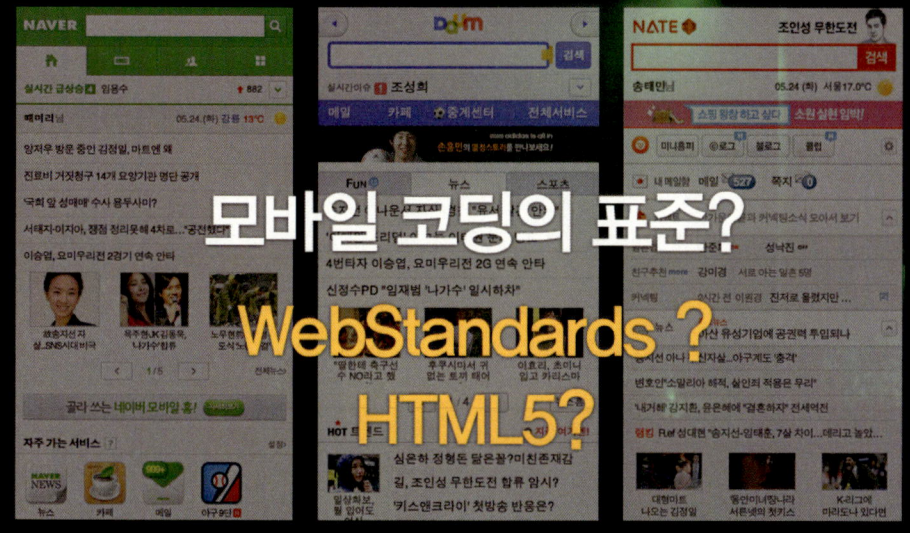

모바일 코딩의 표준?

WebStandards ?

HTML5?

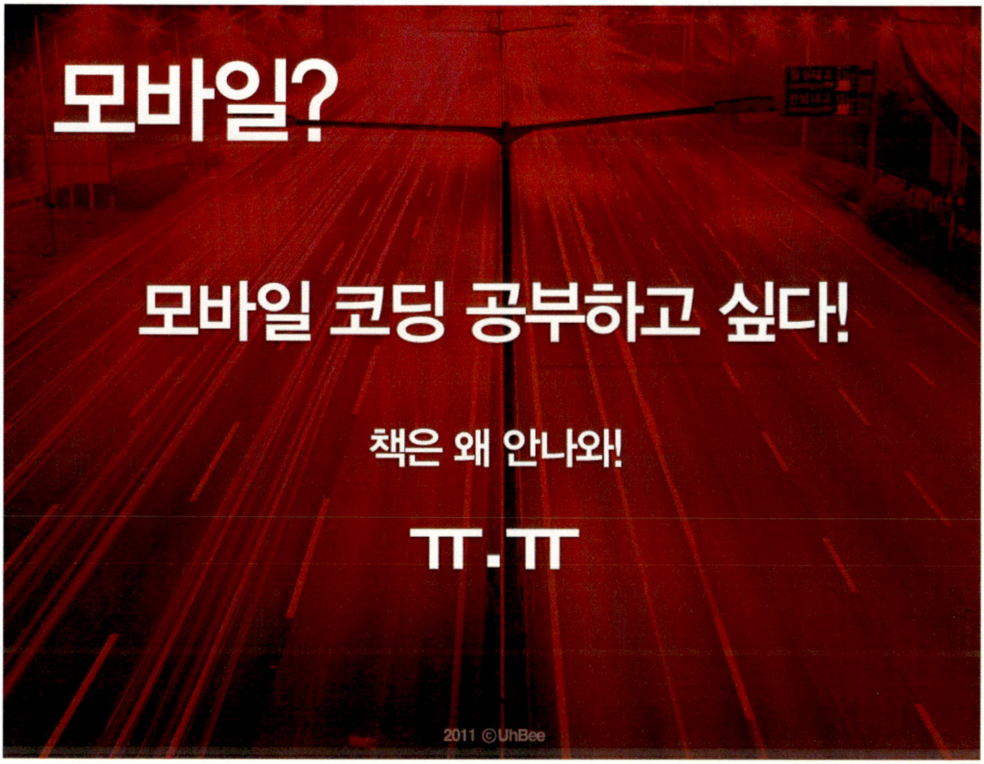

모바일?

모바일 코딩 공부하고 싶다!

책은 왜 안나와!

ㅠ.ㅠ

모바일 그리고.. 앱?

네이티브앱 Native App

웹앱 Web App

하이브리드앱 Hybrid App

모바일 그리고.. 앱?

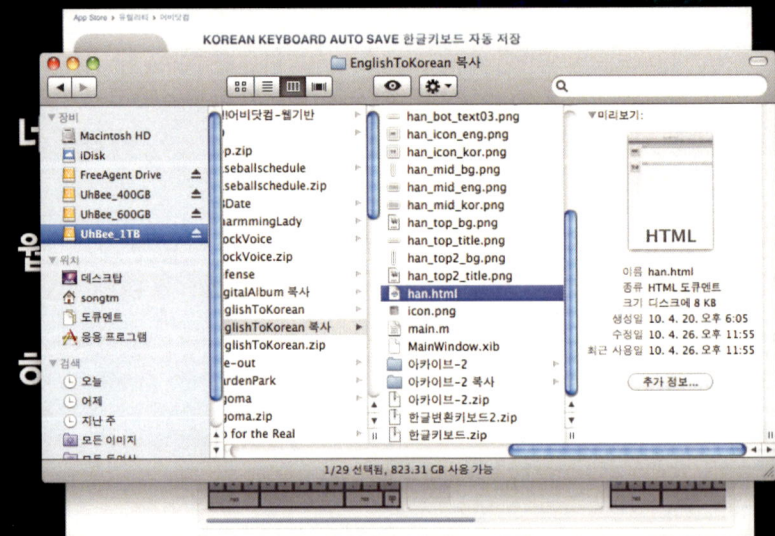

모바일 그리고.. 앱?

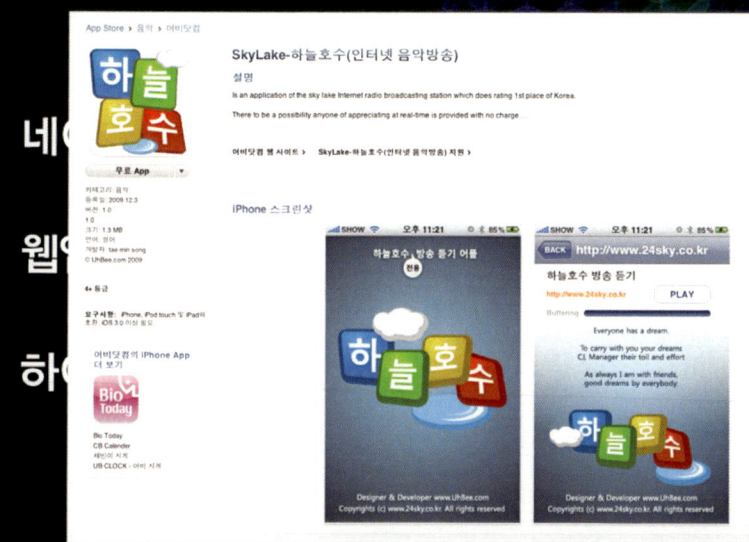

모바일 그리고.. 앱?

돈버는 모바일 시장은 앱뿐?

모바일 그리고.. 앱?

돈버는 모바일 시장은 앱뿐?

모바일 그리고.. 앱?

RESPONSIVE WEB DESIGN

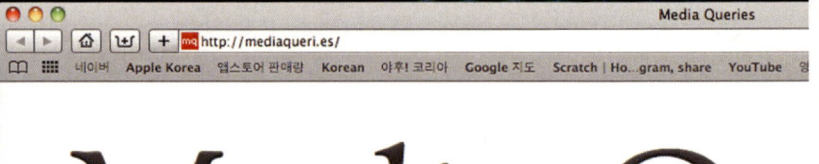

모바일 그리고.. 앱?

RESPONSIVE WEB DESIGN

Illy Issimo

Details

모바일 그리고.. 앱?

RESPONSIVE WEB DESIGN

El Sendero del Cacao

Details

모바일 그리고.. 앱?

RESPONSIVE WEB DESIGN

모바일 그리고.. 앱?

RESPONSIVE WEB DESIGN

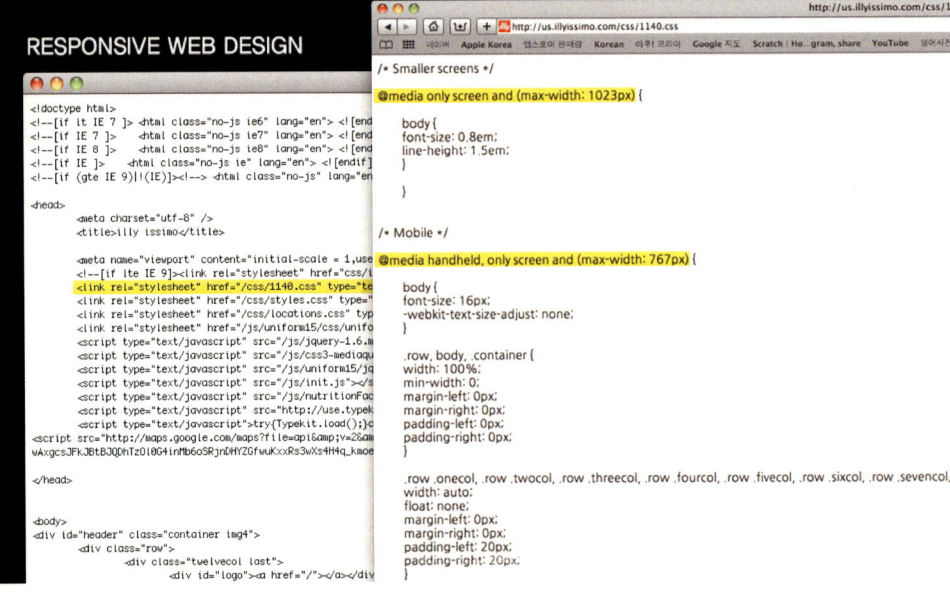

모바일 UI

모바일 네이버 UI 변천사

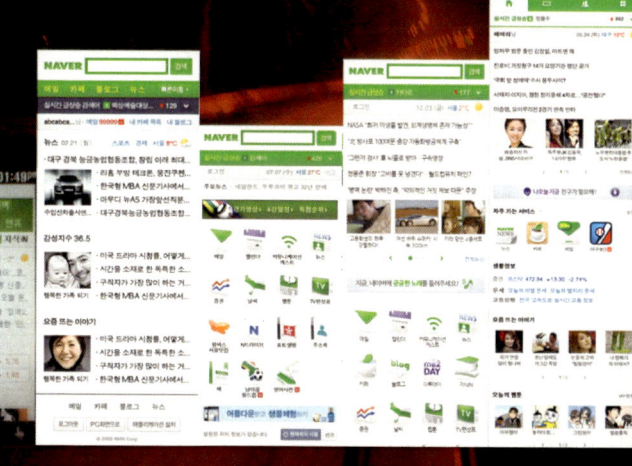

모바일 UI

모바일 네이버 UI 변천사

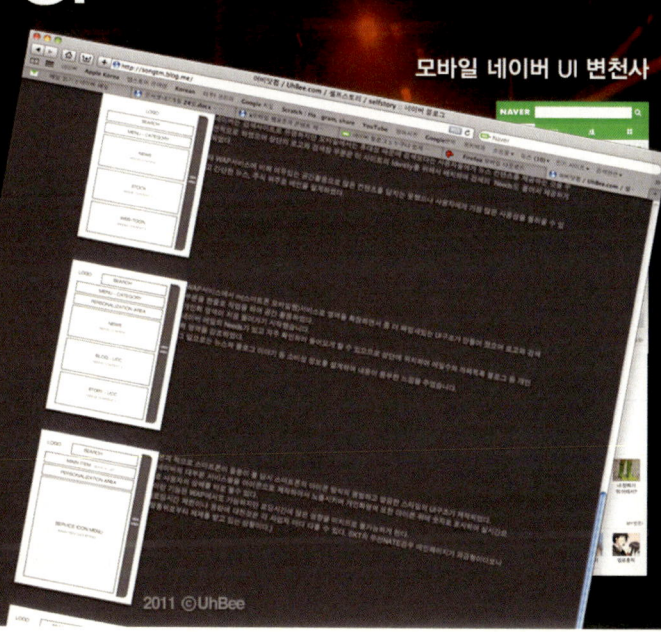

모바일 UI

다시 WAP

모바일 UI

다시 WAP

유료　　　　　　무료

*WAP Mobile Design
- 메인페이지 용량 30kbite 이하
- 로딩 속도 7초 이하
- 이미지 슬라이스 6개 이내
- 컬러수 256 이하
- png 8bite 저장
- Width : 176/240/320/480 지원
- 19개 템플릿 운영

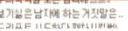

모바일 UI

WAP처럼(돈이 되면서)

사용자를 위한 최적의 UI/UX

모바일 웹표준 Tip&Tech
모바일 사이트 확인 방법

Firefox 모바일 브라우저

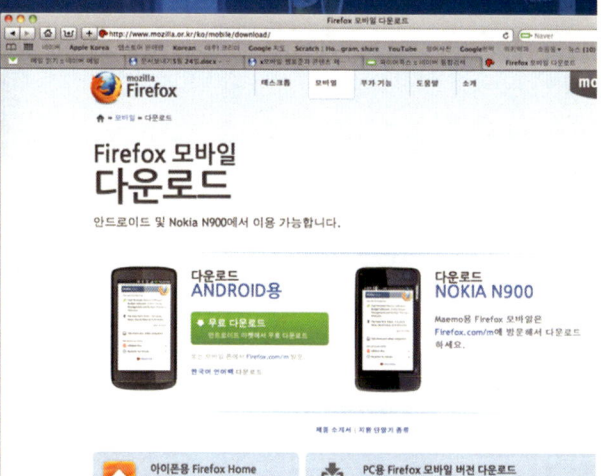

모바일 웹표준
모바일 사이트 확인 방법

Firefox 모바일 브라우저

Fennec

Welcome to Fennec

mozilla

Fennec Welcome to Fennec

Sync Up
Login with your Sync account info and share your history, passwords, bookmarks & tabs between your desktop and mobile

Customize
Discover and install add-ons to add new functionality to your Fennec

Browse
Skip all this and go to your personalized Start page to start browsing the web

See More Features ▶

FAQ   Privacy Policy   Follow us on:

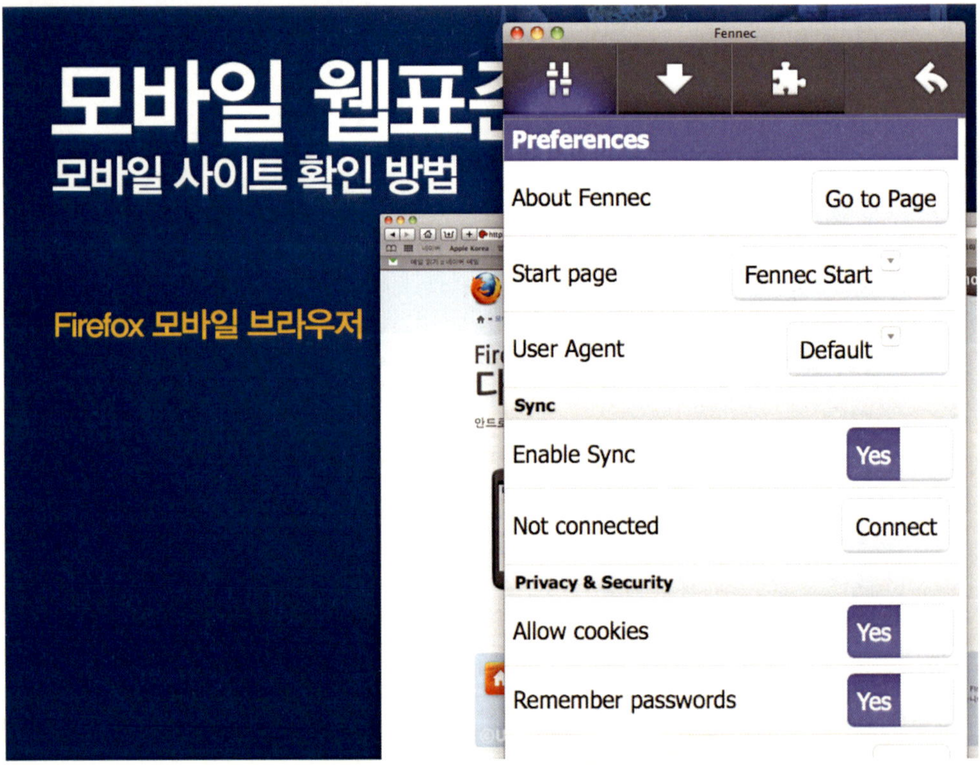

모바일 웹표준
모바일 사이트 확인 방법

Firefox 모바일 브라우저

Fennec

Preferences

About Fennec	Go to Page
Start page	Fennec Start
User Agent	Default

Sync

| Enable Sync | Yes |
| Not connected | Connect |

Privacy & Security

| Allow cookies | Yes |
| Remember passwords | Yes |

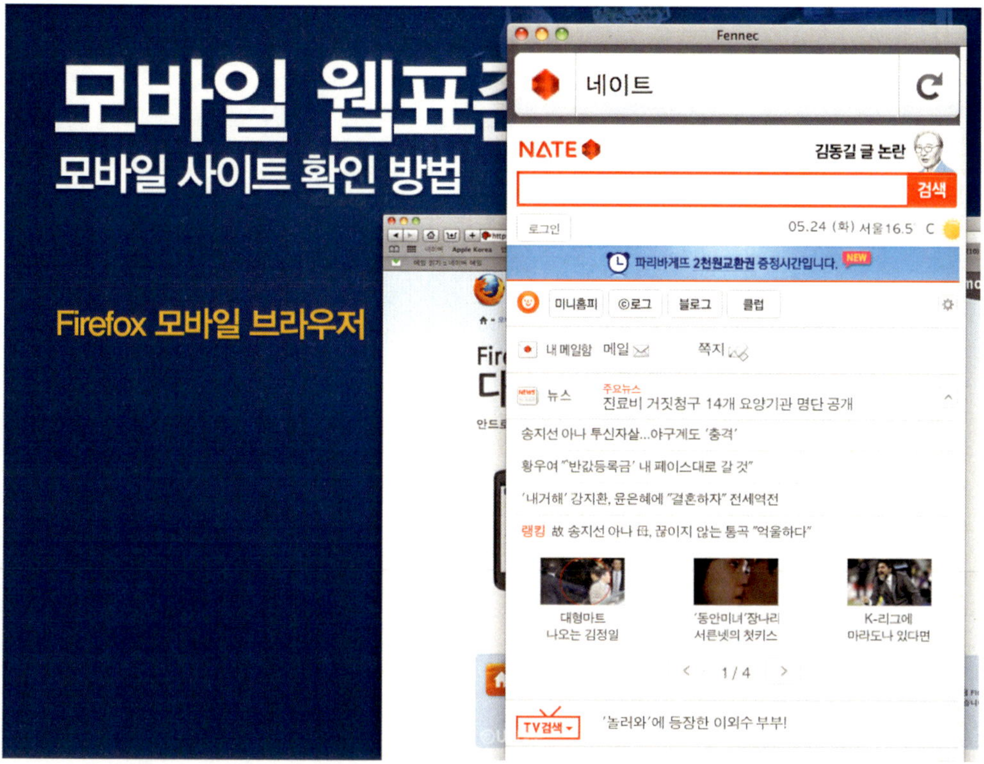

모바일 웹표준
모바일 사이트 확인 방법

Firefox 모바일 브라우저

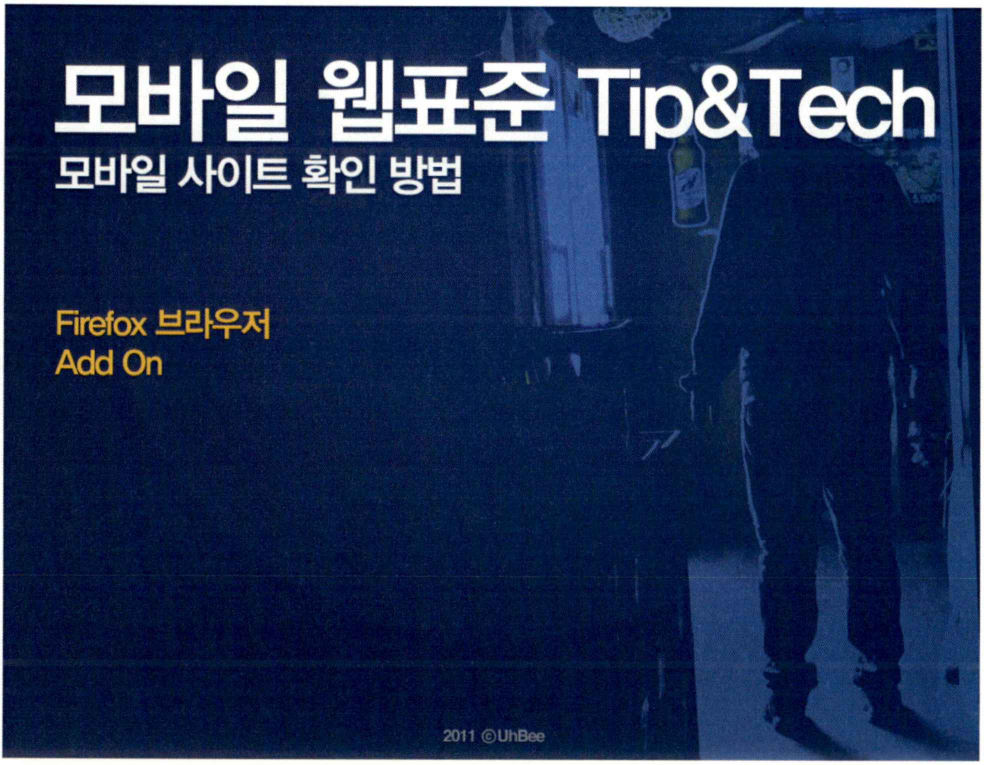

모바일 웹표준 Tip&Tech
모바일 사이트 확인 방법

Firefox 브라우저
Add On

2011 ⓒUhBee

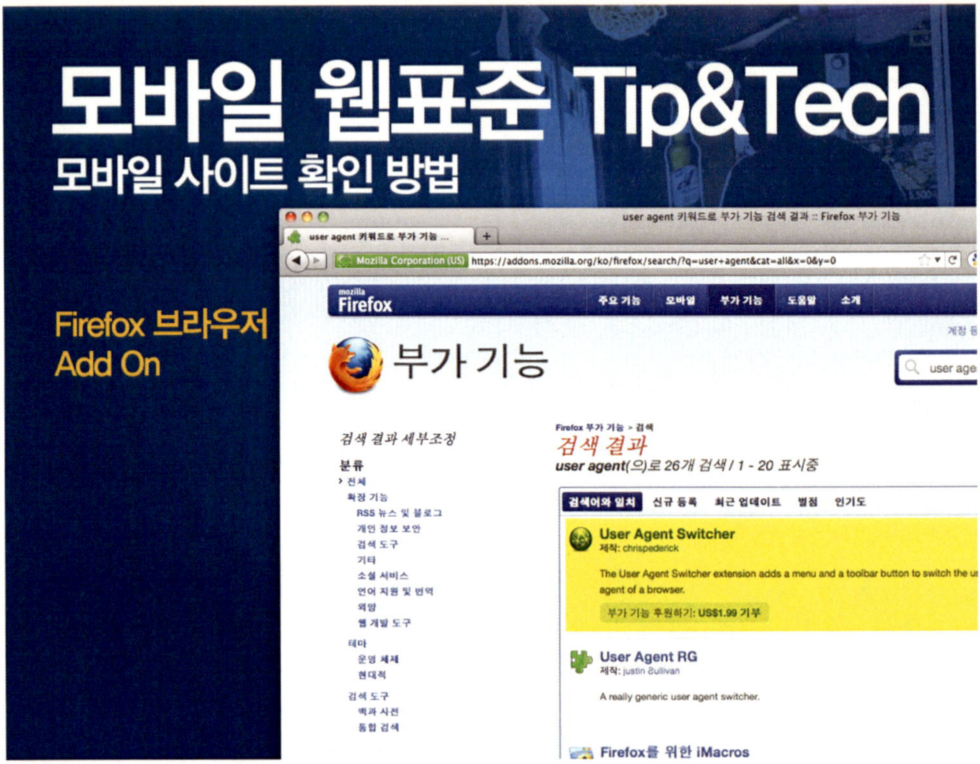

모바일 웹표준 Tip&Tech
모바일 사이트 확인 방법

Firefox 브라우저
Add On

---

user agent 키워드로 부가 기능 검색 결과 :: Firefox 부가 기능

user agent 키워드로 부가 기능 ...

Mozilla Corporation (US) https://addons.mozilla.org/ko/firefox/search/?q=user+agent&cat=all&x=0&y=0

mozilla
Firefox

주요 기능　모바일　부가 기능　도움말　소개

계정 등

🦊 부가 기능

user age

검색 결과 세부조정

분류
> 전체
　확장 기능
　　RSS 뉴스 및 블로그
　　개인 정보 보안
　　검색 도구
　　기타
　　소셜 서비스
　　언어 지원 및 번역
　　외양
　　웹 개발 도구

　테마
　　운영 체제
　　현대적

　검색 도구
　　백과 사전
　　통합 검색

Firefox 부가 기능 > 검색
검색 결과
user agent(으)로 26개 검색 / 1 - 20 표시중

검색어와 일치　신규 등록　최근 업데이트　별점　인기도

User Agent Switcher
제작: chrispederick

The User Agent Switcher extension adds a menu and a toolbar button to switch the u
agent of a browser.

부가 기능 후원하기: US$1.99 기부

User Agent RG
제작: justin @ullivan

A really generic user agent switcher.

Firefox를 위한 iMacros

모바일 웹표준 Tip&Tech
모바일 사이트 확인 방법

Firefox 브라우저
Add On

user agent 키워드로 부가 기능 검색 결과 :: Firefox 부가 기능

user agent 키워드로 부가 기능 ...

Mozilla Corporation (US) https://addons.mozilla.org/ko/firefox/search/?q=user+agent&cat=all&x=0&y=0

mozilla
Firefox

주요 기능　모바일　부가 기능　도움말　소개

계정 등

부

user age

도구　창　도움말

웹 검색　　⌘K

다운로드　　⌘J
부가 기능　　⇧⌘A
동기화 설정...

● iPhone 3.0　▶　　Default User Agent

오류 정보　⇧⌘J　　Internet Explorer　▶
웹 콘솔　⇧⌘K　　Search Robots　▶
페이지 정보　⌘I　　✓ iPhone 3.0

사생활 보호 모드　⇧⌘P　　Edit User Agents...
사용 기록 삭제　　　　User Agent Switcher　▶

검색 결과 세

분류
> 전체
　확장 기능
　　RSS 뉴스 및
　　개인 정보 보안
　　검색 도구
　　기타
　　소셜 서비스
　　언어 지원 및
　　외양
　　웹 개발 도구

　테마
　　운영 체제
　　현대적

　검색 도구
　　백과 사전
　　통합 검색

utton to switch the u

User Agent RG
제작: justin @ullivan

A really generic user agent switcher.

Firefox를 위한 iMacros

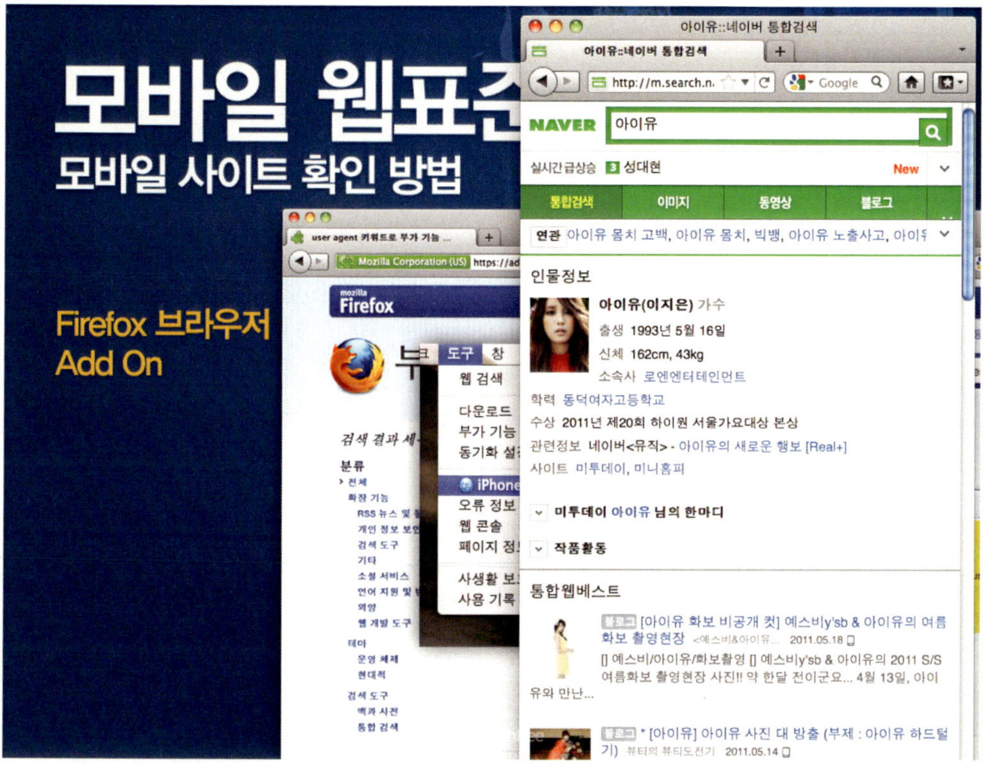
모바일 웹표준
모바일 사이트 확인 방법
Firefox 브라우저
Add On
아이유::네이버 통합검색
http://m.search.n
NAVER
아이유
실시간급상승 3 성대현 New
통합검색 이미지 동영상 블로그
연관 아이유 몸치 고백, 아이유 몸치, 빅뱅, 아이유 노출사고, 아이유
인물정보
아이유(이지은) 가수
출생 1993년 5월 16일
신체 162cm, 43kg
소속사 로엔엔터테인먼트
학력 동덕여자고등학교
수상 2011년 제20회 하이원 서울가요대상 본상
관련정보 네이버<뮤직> - 아이유의 새로운 행보 [Real+]
사이트 미투데이, 미니홈피
미투데이 아이유 님의 한마디
작품활동
통합웹베스트
[아이유 화보 비공개 컷] 예스비y'sb & 아이유의 여름 화보 촬영현장 2011.05.18
[] 예스비/아이유/화보촬영 [] 예스비y'sb & 아이유의 2011 S/S 여름화보 촬영현장 사진!! 약 한달 전이군요... 4월 13일, 아이유와 만난...
* [아이유] 아이유 사진 대 방출 (부제 : 아이유 하드털기) 2011.05.14
user agent 키워드로 부가 기능 ...
Mozilla Corporation (US) https://ad
Firefox
도구 창
웹 검색
다운로드
부가 기능
동기화 설
iPhone
오류 정보
웹 콘솔
페이지 정
사생활 보
사용 기록
검색 결과 세
분류
전체
확장 기능
RSS 뉴스 및
개인 정보 보안
검색 도구
기타
소셜 서비스
언어 지원 및
외양
웹 개발 도구
테마
운영 체제
현대적
검색 도구
백과 사전
통합 검색

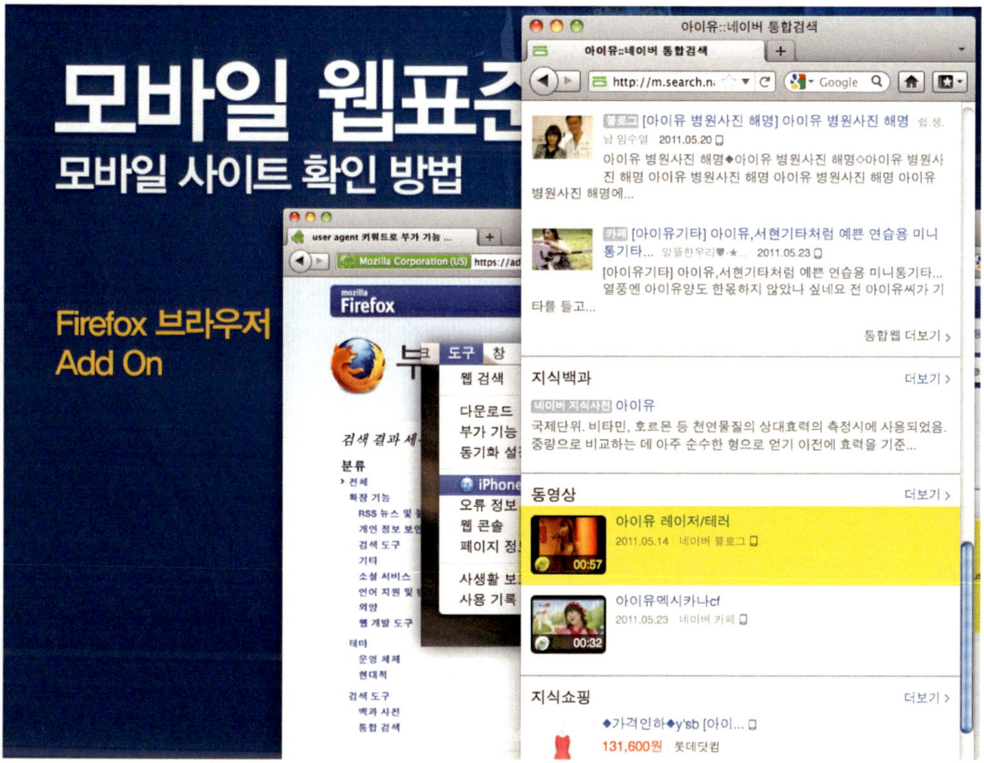
모바일 웹표준
모바일 사이트 확인 방법
Firefox 브라우저
Add On
아이유::네이버 통합검색
http://m.search.n
[아이유 병원사진 해명] 아이유 병원사진 해명
2011.05.20
아이유 병원사진 해명◆아이유 병원사진 해명◇아이유 병원사진 해명 아이유 병원사진 해명 아이유 병원사진 해명 아이유 병원사진 해명에...
[아이유기타] 아이유,서현기타처럼 예쁜 연습용 미니통기타... 2011.05.23
[아이유기타] 아이유,서현기타처럼 예쁜 연습용 미니통기타... 열풍엔 아이유양도 한몫하지 않았나 싶네요 전 아이유씨가 기타를 들고...
통합웹 더보기
지식백과 더보기
네이버 지식사전 아이유
국제단위. 비타민, 호르몬 등 천연물질의 상대효력의 측정시에 사용되었음. 중량으로 비교하는 데 아주 순수한 형으로 얻기 이전에 효력을 기준...
동영상 더보기
아이유 레이저/테러
2011.05.14 네이버 블로그
00:57
아이유멕시카나cf
2011.05.23 네이버 카페
00:32
지식쇼핑 더보기
◆가격인하◆y'sb [아이...
131,600원 롯데닷컴
user agent 키워드로 부가 기능 ...
Mozilla Corporation (US) https://ad
Firefox
도구 창
웹 검색
다운로드
부가 기능
동기화 설
iPhone
오류 정보
웹 콘솔
페이지 정
사생활 보
사용 기록
검색 결과 세
분류
전체
확장 기능
RSS 뉴스 및
개인 정보 보안
검색 도구
기타
소셜 서비스
언어 지원 및
외양
웹 개발 도구
테마
운영 체제
현대적
검색 도구
백과 사전
통합 검색

모바일 사이트 확인
Firefox 브라우저
Add On
647612351061426.mp4 여는 중...
열기 선택
647612351061426.mp4
파일 유형: QuickTime Player Document
원본 위치: http://121.254.143.138
Firefox가 이 파일을 열거나 컴퓨터에 저장할 수 있습니다:
열기: QuickTime Player (기본)
파일 저장
다시 묻지 않음
취소
확인
2011 ©UhBee

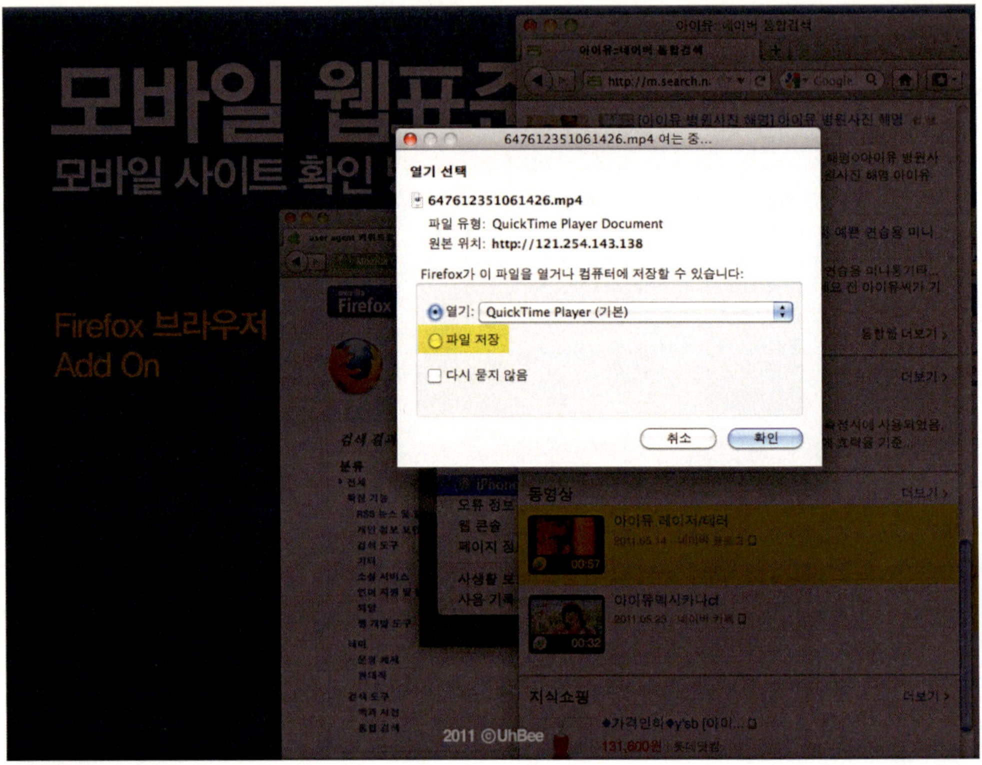

모바일 웹표준 Tip&Tech
모바일 사이트 확인 방법
<video> 사용 방법 Code
<!DOCTYPE html>
<html lang="ko">
<head>
<meta http-equiv="Content-Type" content="text/html; charset=utf-8">
<title>HTML5 비디오 요소 사용하는 방법</title>
</head>
<body>
<video controls width="500">
<!-- Firefox 브라우저일 경우, 지원하는 ogg 파일을 재생합니다 -->
<source src="video.ogg" type="video/ogg" />
<!-- Safari/Chrome 브라우저일 경우, 지원하는 MP4 파일을 재생합니다 -->
<source src="video.mp4" type="video/mp4" />
<!-- HTML5 video요소를 지원하지 않는 브라우저의 경우 플래시 무비를 사용합니다 -->
<embed src="http://blip.tv/play/gcMVgcmBAgA%2Em4v" type="application/x-shockwave-flash" width="1024" height="798" allowscriptaccess="always" allowfullscreen="true"></embed>
</video>
</body>
</html>
2011 ©UhBee

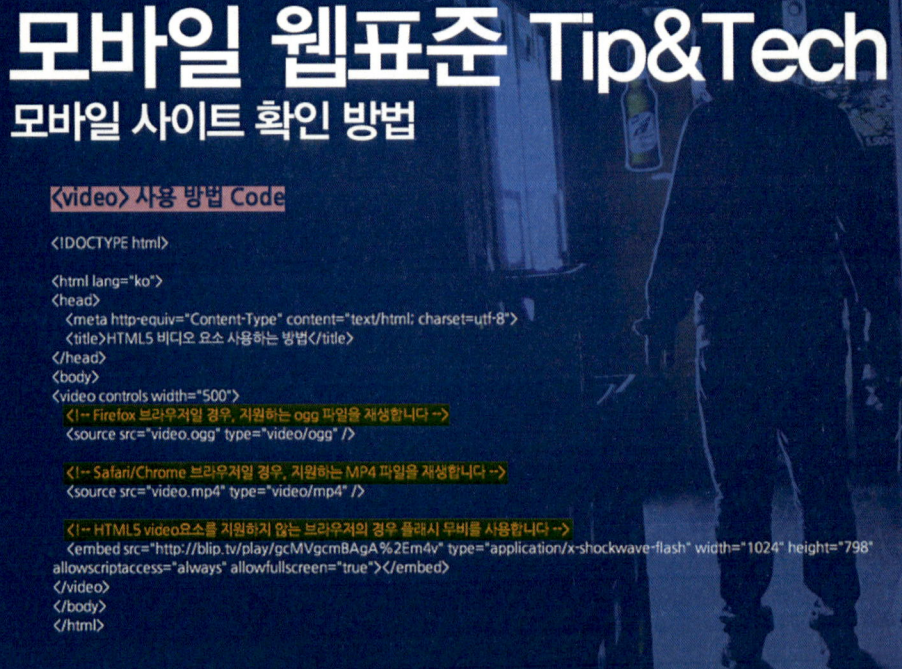

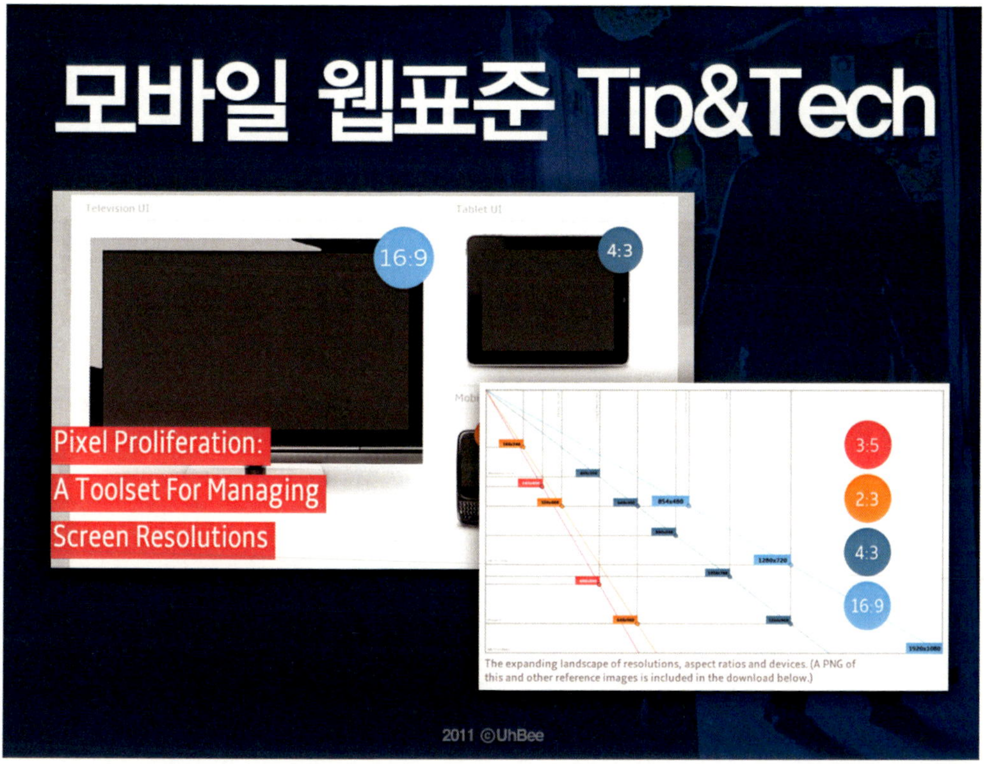
모바일 웹표준 Tip&Tech
Television UI
Tablet UI
16:9
4:3
Pixel Proliferation:
A Toolset For Managing
Screen Resolutions
3:5
2:3
4:3
16:9
The expanding landscape of resolutions, aspect ratios and devices. (A PNG of this and other reference images is included in the download below.)
2011 ©UhBee

모바일 웹표준 Tip&Tech
Bloter.net » Blog Archive » 웹표준 따르는 모바일웹 앱, 이렇게 만들자
http://www.bloter.net/archives/55264
BLOTER.NET
GROUPON
~70% 할인
할인받기
엔터프라이즈 모바일 소셜웹 디지털라이프 사람들 블로터포럼 블로터스페셜 따뜻한 디지털 삶/여가/책 블로터리뷰
RSS 구독
뉴스레터
미래 비즈니스의 성패는 소셜로 판가름 난다!
웹표준 따르는 모바일웹 앱, 이렇게 만들자
by 이희욱 | 2011. 03. 29
Let's conquer
New challenges!
2011
한국자바개발자컨퍼런스
2011.6.19 SEOUL COEX
웹표준을 따르면 이런 게 좋다. 윈도우나 맥OS, 리눅스 같은 서로 다른 운영체제는 물론 인터넷 익스플로러(IE)와 파이어폭스, 구글 크롬과 사파리 등 서로 다른 웹브라우저에서도 모든 웹사이트 콘텐츠를 문제 없이 이용할 수 있다. '상호운용성'이 보장되는 것이다. '웹접근성'도 더불어 얻는다. 장애인이나 노약자부터 느린 네트워크를 이용하거나 화면이 작은 기기로 접속하는 '디지털 장애'를 극복하게 해준다.
PC용 웹에선 이같은 웹접근성과 상호운용성을 보장하는 일이 점차 당연시되는 추세다. 모바일웹으로 눈을 돌려보자. 아직 갈 길이 멀어보인다. 어떡하면 모바일웹에서도 접근성과 상호운용성을 보장할 수 있을까.
다양한 웹표준을 제정·보급하는 월드와이드웹 컨소시엄(W3C)은 이런 개발자를 위한 지침을 제공한다. 2010년 12월14일에 공개한 '모바일웹 애플리케이션 모범사례'(MWABP) 권고안을 보자. 웹표준을 따르면서도 풍부한 이용자 경험(UX)을 제공하는 모바일웹을 설계하는 방법을 빼곡히 담았다.

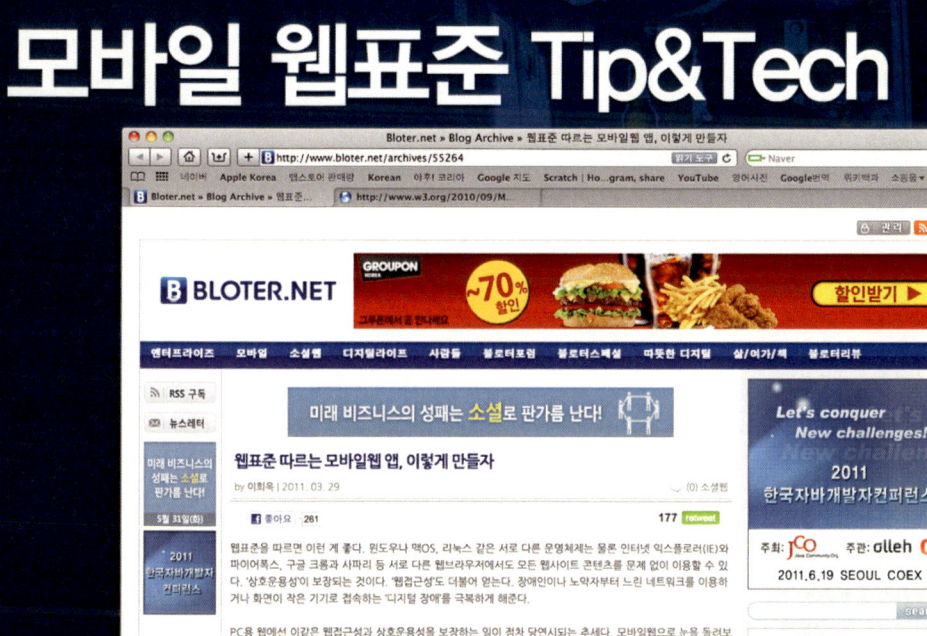

모바일 웹표준 Tip&Tech

모바일 웹표준 Tip&Tech

www.Standard.pe.kr

모바일 웹표준 Tip&Tech

iPhone 접속시

소스:http://m.naver.com/

```
(!doctype html)
(html lang="ko")
(head)
(meta charset="utf-8")

(meta name="viewport" content="width=device-width, initial-scale=1.0, maximum-scale=1.0, minimum-scale=1.0, user-scalable=no" />

(link rel="apple-touch-icon-precomposed" sizes="114x114" href="http://static.naver.com/www/u/2011/0131/nmms_176117.png" />
(link rel="apple-touch-icon-precomposed" href="http://static.naver.com/www/u/2011/0131/nmms_17552535.png" />

(title)네이버(/title)
(link rel="stylesheet" href="/css/m/hm.css")

(style)
.svic {background-image:url(http://static.naver.c
@media screen and (-webkit-min-device-pixel-ra
@media screen and (-webkit-min-device-pixel-ra
.p .svic {background-image:url(http://static.nave

.app_m {background-image:url(/m/ico_app.png)}
@media screen and (-webkit-min-device-pixel-ra
@media screen and (-webkit-min-device-pixel-ra

(/style)
(script)
//<![CDATA[
var nsc = "Mtop.all";

var isLogin = false;

//]]>
(/script)
(/head)

(body class="s s2" onload="setTimeout(functic
```

PC 접속시

소스:http://m.naver.com/

```
(!doctype html)
(html lang="ko")
(head)
(meta charset="utf-8")

(meta name="viewport" content="width=device-width, initial-scale=1.0, maximum-scale=1.0, minimum-scale=1.0, user-scalable=no, target-densitydpi=medium-

(title)네이버(/title)
(link rel="stylesheet" href="/css/m/hm.css")

(link rel="stylesheet" href="/css/e.css")

(style)
.svic {background-image:url(http://static.naver.com/www/u/2011/0512/mwms_15754496.jpg);-webkit-background-size:342px 285px}
@media screen and (-webkit-min-device-pixel-ratio:1.5){.svic {background-image:url(http://static.naver.com/www/u/2011/0512/mwms_15107210.jpg)}}
@media screen and (-webkit-min-device-pixel-ratio:2){.svic {background-image:url(http://static.naver.com/www/u/2011/0512/mwms_15952494.jpg)}}
.p .svic {background-image:url(http://static.naver.com/www/u/2011/0512/mwms_15754496.jpg)}}

(/style)
```

감사합니다.

마치며

www.Standard.pe.kr

〈어비의 모바일 HTML for Beginner〉는 모바일의 입문을 도와주는 책입니다. 다음에 나올 책 〈어비의 모바일 HTML for Expert〉는 실무에서 사용되고 있는 좀 더 다양한 예제를 다뤄볼 예정입니다. 언제나 열심히 공부해봅시다.